学校の先生がつくった！

テスト式！

点数 **UP** アップ ドリル

学力の基礎をきたえどの子も伸ばす研究会
金井 敬之 著

フォーラム・A

コピーOK！

めざせ100点♪

ドリルの特長

このドリルは、小学校の現場と保護者の方の声から生まれました。

「解説がついているとできちゃうから、本当にわかっているかわからない…」

「単元のまとめページがもっとあったらいいのに…」

「学校のテストとしても、テスト前のしあげとしても使えるプリント集がほしい！」

そんな声から、学校では**テスト**として、また**テスト前の宿題**として。ご家庭でも、**テスト前の復習や学年の総仕上げ**として使えるドリルを目指してつくりました。

こだわった２つの特長をご紹介します。

> **1** やさしい・まあまあ・ちょいムズの３種類のレベルのテスト
> **2** 各単元に、内容をチェックしながら遊べる「チェック＆ゲーム」

テストとしても使っていただけるよう、**観点別評価**を入れ、レベルの表示も 🌸 で表しました。宿題としてご使用の際は、クラスや一人ひとりの**レベルにあわせて配付**できます。また、遊びのページがあることで楽しく復習でき、**やる気**も続きます。

テストの点数はあくまでも評価の一つに過ぎません。しかし、テストの点数が上がると、その教科を得意だと感じたり、好きになったりするものです。このドリルで、**算数が好き！得意！** という子どもたちが増えていくことを願います。

キャラクターしょうかい

みんなといっしょに算数の世界をたんけんする仲間だよ！

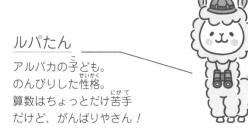

ルパたん
アルパカの子ども。
のんびりした性格。
算数はちょっとだけ苦手
だけど、がんばりやさん！

ピィすけ
オカメインコの子ども。
算数でこまったときは助けて
くれて、たよりになる！

使い方

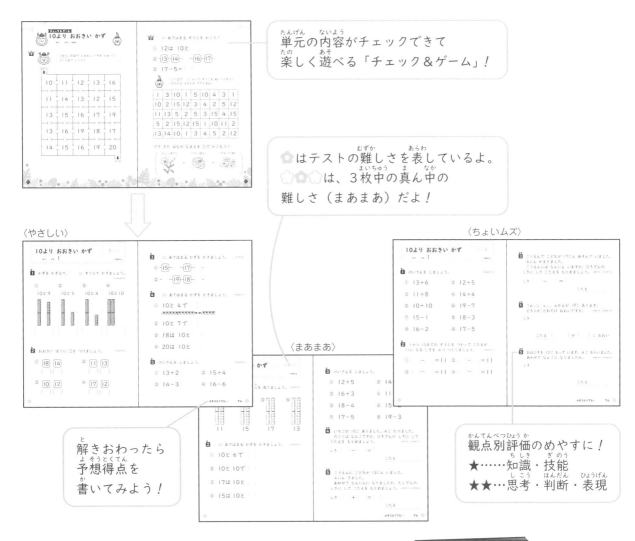

単元の内容がチェックできて
楽しく遊べる「チェック&ゲーム」!

✿はテストの難しさを表しているよ。
✿✿✿は、3枚中の真ん中の
難しさ（まあまあ）だよ！

〈やさしい〉

〈まあまあ〉

〈ちょいムズ〉

解きおわったら
予想得点を
書いてみよう！

観点別評価のめやすに！
★……知識・技能
★★…思考・判断・表現

丸つけしやすい別冊解答！
解き方のアドバイスつきだよ

※単元によってテストが1枚や2枚の場合もございます。
※つまずきやすい単元は、内容を細分化しテストの数を多めにしている場合もございます。
※小学校で使用されている教科書を比較検討して作成しております。お使いの教科書にない単元や問題が
　あることもございますので、ご確認のうえご使用ください。

別冊解答

かずと すうじ

がつ　にち　なまえ

 かずを かぞえよう。

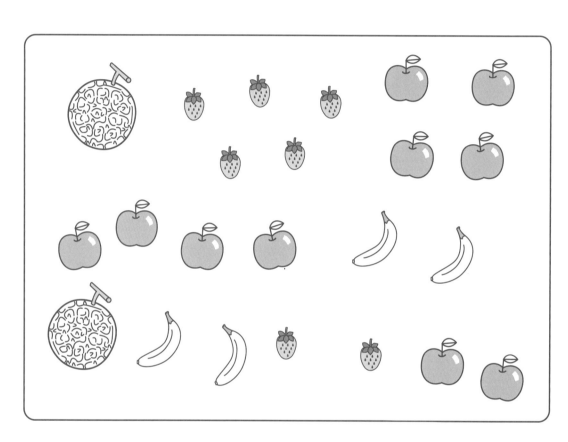

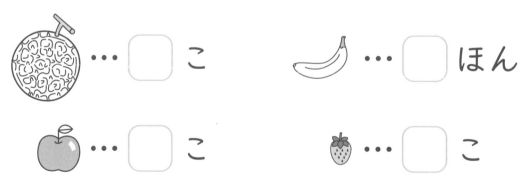

…　□　こ　　　…　□　ほん

…　□　こ　　　…　□　こ

2 ただしい ほうに すすんで、ゴールまで いこう。
とちゅうで ピィすけと であってね。

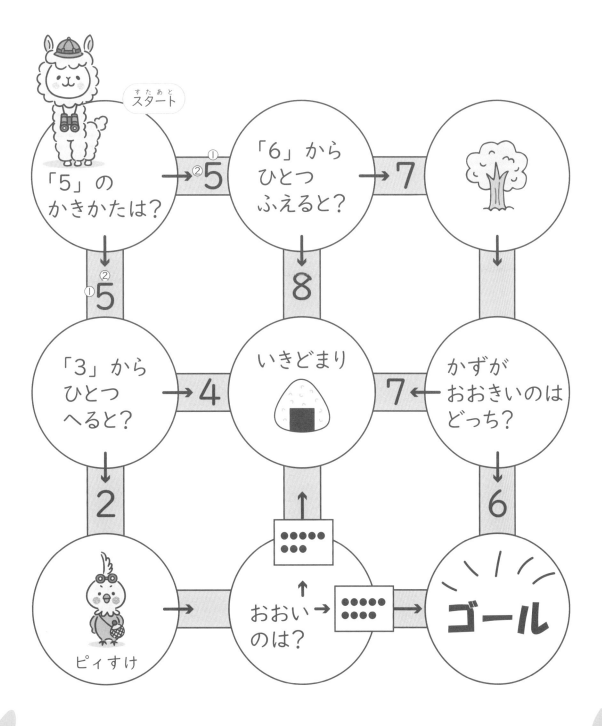

スタート

「5」の
かきかたは？

① →
② → 5

「6」から
ひとつ
ふえると？

→ 7

②
① 5

「3」から
ひとつ
へると？

→ 4

8

いきどまり

7 ←

かずが
おおきいのは
どっち？

2

6

ピィすけ

→

おおい
のは？ →

→ ゴール

かずと すうじ

がつ　にち　なまえ　　　　　　　　　　　　　/100てん

1 いくつ ありますか。
　　□ に すうじを かきましょう。

（1もん5てん）

①
②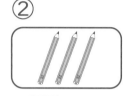
③
④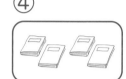

　□ こ　　　□ ぼん　　　□ だい　　　□ さつ

2 おなじ かずに なるように せんで むすびましょう。

（1もん5てん）

① ⚾⚾⚾⚾⚾　　•　　• 3 •　　•

② ⚾⚾⚾⚾⚾⚾⚾⚾　•　　• 5 •　　•

③ ⚾⚾⚾　　　•　　• 4 •　　•

④ ⚾⚾⚾⚾⚾⚾⚾　•　　• 7 •　　•

⑤ ⚾⚾⚾⚾⚾⚾　　•　　• 6 •　　•

3 おおきい ほうに ○を つけましょう。 （1もん5てん）

① 4 3   ② 2 6   ③ 3 1
( )( )   ( )( )   ( )( )

④ 7 5   ⑤ 2 1
( )( )   ( )( )

4 □に あてはまる すうじを かきましょう。 （□1つ2てん）

① 1 — 2 — □ — □ — □ — 6 — □

② — 3 — □ — 5 — □ — 7 — □ — 9

③ 0 — □ — □ — □ — □ — 5 — □

□ — 8 — □ — □

かずと すうじ

がつ	にち	なまえ

/100てん

1 いくつ ありますか。
□に すうじを かきましょう。

（1もん5てん）

①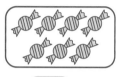

□ こ

②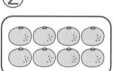

□ こ

③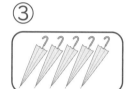

□ ほん

④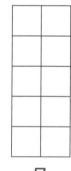

□ こ

2 すうじの かずだけ □を ぬりましょう。

（1もん5てん）

〈れい〉
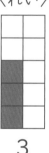
3

①
5

②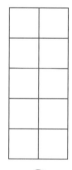
9

③
7

④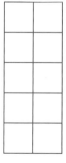
10

⑤
6

⑥
8

3 おおきい じゅんに １、２、３の ばんごうを （ ） に かきましょう。

（１もん５てん）

① ３ ８ ６
（ ）（ ）（ ）

② ９ １ ７
（ ）（ ）（ ）

③ ４ ２ ５
（ ）（ ）（ ）

④ ８ 10 １
（ ）（ ）（ ）

4 □ に あてはまる すうじを かきましょう。（□１つ２てん）

① ☐ ― ☐ ― ５ ― ☐ ― ７ ― ☐ ― ９ ―

② ８ ― ☐ ― ☐ ― ５ ― ☐ ― ３ ― ☐ ―

③ ☐ ― ９ ― ☐ ― ☐ ― ６ ― ☐ ― ４
☐ ― ☐ ― ☐ ―

よそうとくてん… てん

11

いくつと いくつ

がつ　にち　なまえ

もりの みんなで、どんぐりパーティを するよ。
「ひとり 5こ どんぐりを あつめよう！」と、
みんな がんばって いるよ。
　あと いくつで 5こかな。□の なかに すうじを
かこう！

やったあ！

あと □ こ！

いそげ いそげ～！

あと □ こ！

あと □ こだ。
がんばるぞ！

たいへん！
あと □ こだ！

2 ただしい こたえを とおって、ゴール まで すすもう！

スタート

4と2で	6	2と6で
5	7と2で	9
3と3で	8	5と3で
9	3と4で	7

ゴール

いくつと いくつ

がつ　　にち　　なまえ　　　　　　　　　　　　　／100てん

1 いくつと いくつですか。　　　　　　　　（1もん5てん）

①
5	
3	

②
6	
	2

③
7	
2	

④
7	
4	

⑤
8	
4	

⑥
8	
5	

⑦
9	
7	

⑧
9	
6	

⑨
10	
6	

⑩
10	
8	

⑪
10	
1	

⑫
10	
	7

14

★2 あわせると いくつに なりますか。 （1もん5てん）

① 6と 3で ▢

② 5と 2で ▢

③ 3と 4で ▢

④ 4と 4で ▢

★3 10に なるように ▢に すうじを かきましょう。 （1もん5てん）

① 6と ▢ で 10

② 7と ▢ で 10

③ 5と ▢ で 10

④ 8と ▢ で 10

よそうとくてん… てん

いくつと いくつ

がつ　　にち　　**なまえ**

／100てん

★

1　いくつと いくつですか。

（1もん4てん）

①
5	
3	

②
6	
	3

③
6	
4	

④
7	
	4

⑤
7	
5	

⑥
8	
4	

⑦
8	
6	

⑧
8	
	3

⑨
9	
4	

⑩
9	
6	

⑪
9	
2	

⑫
10	
9	

⑬
10	
2	

⑭
10	
	3

⑮
10	
5	

2 あわせると いくつに なりますか。 （1もん2てん）

① 2と 4で ☐　② 8と 1で ☐

③ 3と 5で ☐　④ 2と 3で ☐

⑤ 4と 4で ☐　⑥ 5と 4で ☐

⑦ 6と 3で ☐　⑧ 2と 6で ☐

⑨ 7と 2で ☐　⑩ 4と 3で ☐

3 10に なるように ☐に すうじを かきましょう。 （1もん2てん）

① 7と ☐で 10　② 5と ☐で 10

③ 4と ☐で 10　④ 2と ☐で 10

⑤ 9と ☐で 10　⑥ 3と ☐で 10

⑦ 1と ☐で 10　⑧ 8と ☐で 10

⑨ ☐と 6で 10　⑩ ☐と 5で 10

なんばんめ

チェック＆ゲーム

がつ　にち　なまえ

👑 でんしゃごっこを して いるよ。したの ぶんを
よんで、ただしい ものに ○を つけよう。

りす　　うさぎ　たぬき　きつね　　くま

まえ　　　　　　　　　　　　　　　うしろ

あ （　　　） まえから ４ひきめは たぬきさんだよ。

い （　　　） りすさんは うしろから １ぴきめだよ。

う （　　　） 「まえから ３びき」とは、りすさん、
　　　　　　　うさぎさん、たぬきさんの ことだよ。

「なんひきめ」と 「なんひき」は ちがうんだね。

おたからあてクイズ！ 〈れい〉のように、ぶんを
よんで ますを ぬりつぶそう。のこった ことばが
おたからだよ。（「め」に ちゅういしてね！）

〈れい〉

うえから3もじ うえから1もじめ うえから4もじめ

ひだりから3もじめ

ね	っ	ゆ	れ	お
ん	お	ん	び	す
ゆ	ね	う	っ	わ
ね	び	く	か	す
か	お	れ	わ	ん

みぎから3もじ

みぎから2もじ

ひだりから3もじ

ひだりから4もじ

したから3もじめ したから5もじめ したから5もじめ

おたからは どれかな？ ○で かこもう！

①

②

③

ねっくれす　　　ゆびわ　　　おうかん

19

なんばんめ

1 〇で かこみましょう。

（1もん10てん）

〈まえ〉　　　　　　　　　　　　　　　　〈うしろ〉

① まえから
3にんめ

② まえから
3にん

③ うしろから
4にん

④ まえから
2だい

⑤ まえから
4だいめ

⑥ うしろから
2だい

★
2 ( ) に あてはまる かずや ことばを かきましょう。

) 1つ5てん)

うえ

いぬ

きりん

ぞう

ねこ

さる

した

① きりんは うえから (　　　) ばんめで
したから (　　　) ばんめです。

② ぞうは うえから (　　　) ばんめで
したから (　　　) ばんめです。

③ さるは うえから (　　　) ばんめで
したから (　　　) ばんめです。

④ ねこは (　　from　　) ばんめで
(　　from　　) ばんめです。

なんばんめ

１　○で かこみましょう。

〈まえ〉　　　　　　　　　　　　〈うしろ〉

① まえから
　３にんめ

② うしろから
　３にんめ

③ うしろから
　４にん

④ まえから
　３にん

⑤ うしろから
　２だい

⑥ まえから
　４だいめ

⑦ まえから
　２だいめ

★2 けんたさんは まえから 3ばんめです。

うしろ　　　　　　　　　　　　　　　　　まえ

① けんたさんを ○で かこみましょう。 (5てん)

② けんたさんは うしろから なんばんめですか。 (5てん)

（　　　　　　　）

③ けんたさんの うしろには なんにん いますか。 (10てん)

（　　　　　　　）

★3 きりんの ばしょを こたえましょう。 (（ ）1つ5てん)

ひだり　さる　ぞう　いぬ　きりん　ねこ　みぎ

みぎから （　　） ばんめ

ひだりから （　　） ばんめ

よそうとくてん…　　　てん

なんばんめ

★1 ○で かこみましょう。

〈まえ〉　　　　　　　　　　　　　　　　　　〈うしろ〉

① まえから
　4にんめ

② まえから
　4にん

③ うしろから
　3にんめ

④ まえから
　2だい

⑤ うしろから
　4だいめ

★2 ななみさんの ばしょを かきましょう。

(( ) 1つ10てん)

ななみ

まえ  うしろ

まえから （　　　） ばんめ

うしろから （　　　） ばんめ

★3 さるさんは なんと いったのでしょう。
ただしい ほうを ○で かこみましょう。 （1もん10てん）

①
たちましょう。
（まえ・うしろ）から（3にん・3にんめ）。

②
たちましょう。
（まえ・うしろ）から（3にん・3にんめ）。

★★4 けんとさんたちは、1れつに ならんで います。
けんとさんの ばしょは、まえから 3ばんめで
うしろから 3ばんめです。
1れつに なんにん ならんで いますか。
○を つけましょう。 （10てん）

あ（　）7にん　　い（　）6にん　　う（　）5にん

10までの たしざん

がつ　にち　なまえ

👑 けいさんの こたえを かいて、こたえが ちいさい
じゅんに なるように ひらがなを ならべよう。
どんな ことばに なるかな？

$$4 + 6 = \boxed{} \rightarrow \left(ち\right)$$

$$3 + 2 = \boxed{} \rightarrow \left(も\right)$$

$$1 + 7 = \boxed{} \rightarrow \left(だ\right)$$

$$4 + 0 = \boxed{} \rightarrow \left(と\right)$$

ちいさい じゅんに ひらがなを ならべると…？

◯ ◯ ◯ ◯

2 みんなで、たしざんに なる おはなしを して いるよ。まちがって いるのは だれかな？

くま

あかい はな 3 ぼんと、しろい はな 5 ほんで、あわせて なんぼんかな。

きつね

りんごが 2 こと けしごむが 4 こ あるよ。あわせて なんこかな。

うさぎ

こうえんに、おとなが 5 にん こどもが 4 にん いるよ。あわせて なんにんかな。

たぬき

かごの なかに、りんごが 3 こと みかんが 2 こ はいって いるよ。かごに くだものは なんこ あるかな。

たせない ものを たして いる もんだいが あるよ！

こたえ （　　　　　　　）さん

10までの たしざん

がつ　にち　<ruby>なまえ<rt>なまえ</rt></ruby>

/100てん

★
1 けいさんを しましょう。

（1もん5てん）

① 3＋3＝ ☐　　② 5＋5＝ ☐

③ 1＋8＝ ☐　　④ 7＋3＝ ☐

⑤ 4＋2＝ ☐　　⑥ 6＋0＝ ☐

⑦ 2＋5＝ ☐　　⑧ 9＋0＝ ☐

★
2 おなじ こたえに なる しきを せんで むすびましょう。

（1もん10てん）

① 7＋1 ・　　　・ あ 3＋7

② 6＋4 ・　　　・ い 1＋6

③ 3＋4 ・　　　・ う 4＋4

28

3 みかんを 6こ もって います。2こ もらいました。
ぜんぶで なんこに なりましたか。
たしざんの しきに して こたえを もとめましょう。

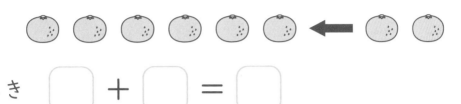

(しき5てん・こたえ5てん)

しき ☐ ＋ ☐ ＝ ☐

こたえ ☐ こ

4 わたしが 6まい、いもうとが 3まい いろがみを
もって います。あわせて なんまいに なりますか。

(しき5てん・こたえ5てん)

しき

こたえ

5 こうえんで 5にん あそんで いました。4にん
きました。あわせて なんにんに なりましたか。

(しき5てん・こたえ5てん)

しき

こたえ

10までの たしざん

1 けいさんを しましょう。　　　　　　　　　（1もん5てん）

① 5＋3　　　　　② 1＋6

③ 8＋2　　　　　④ 3＋7

⑤ 3＋4　　　　　⑥ 7＋0

⑦ 2＋6　　　　　⑧ 4＋5

2 1から 10までの すうじを つかって、こたえが
7に なる しきを 4つ つくりましょう。　（1つ5てん）

☐ ＋ ☐ ＝7

☐ ＋ ☐ ＝7

☐ ＋ ☐ ＝7

☐ ＋ ☐ ＝7

3 しろい はなが 3ぼん、あかい はなが 5ほん
あります。あわせて なんぼん ありますか。(しき5てん・こたえ5てん)

しき

こたえ

4 くるまが 4だい とまって います。3だい ふえると
あわせて なんだいに なりますか。(しき5てん・こたえ5てん)

しき

こたえ

5 いろがみを わたしは 4まい、いもうとは 6まい
もって います。あわせて なんまいに なりますか。

(しき5てん・こたえ5てん)

しき

こたえ

6 4+1=5に なる もんだいを つくります。
□に あう かずや ことばを かきましょう。

(ぜんぶできて10てん)

とりが □わ います。

□わ とんで きました。

□、なんわに なりましたか。

チェック＆ゲーム

10までの ひきざん

がつ　　にち　　なまえ

けいさんの こたえを かいて、こたえが ちいさい
じゅんに なるように ひらがなを ならべよう。
どんな ことばに なるかな？

$$10 - 6 = \boxed{} \rightarrow ざ$$

$$3 - 1 = \boxed{} \rightarrow ひ$$

$$9 - 6 = \boxed{} \rightarrow き$$

$$8 - 3 = \boxed{} \rightarrow ん$$

ひらがなを ちいさい じゅんに ならべよう！

2 みんなで、ひきざんに なる おはなしを して
いるよ。まちがって いるのは だれかな？

りす

みかんが 5こ あるよ。2つ
たべると、のこりは なんこかな。

ねずみ

りんごが 3こ、みかんが 7こ
あるよ。ちがいは なんこかな。

くま

あめを 4こ もって いたよ。
なんこか もらったので、
ぜんぶで 8こに なったよ。
なんこ もらったかな。

さる

きのう あめを 5こ、きょう 2こ
たべたよ。ぜんぶで なんこ
たべたかな。

こたえ （　　　　　　　）さん

10までの ひきざん

1 けいさんを しましょう。

(1もん5てん)

① 7－4＝ ☐　　② 3－2＝ ☐

③ 6－6＝ ☐　　④ 4－1＝ ☐

⑤ 9－5＝ ☐　　⑥ 5－0＝ ☐

⑦ 8－3＝ ☐　　⑧ 10－9＝ ☐

2 おなじ こたえに なる しきを せんで むすびましょう。

(1もん10てん)

① 9－6 ・　　・ あ 10－4

② 5－3 ・　　・ い 9－7

③ 8－2 ・　　・ う 8－5

3 みかんが 8こ、りんごが 7こ あります。
みかんは りんごより なんこ おおいですか。
ひきざんの しきに して こたえを もとめましょう。

（しき5てん・こたえ5てん）

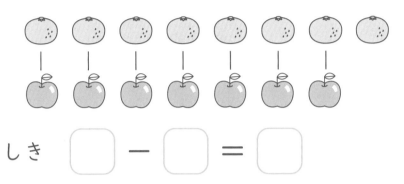

しき ☐ － ☐ ＝ ☐

こたえ ☐ こ

4 くるまが 6だい とまって います。
4だい でて いきました。
のこりの くるまは なんだいですか。 （しき5てん・こたえ5てん）

しき

こたえ

5 いちごが 10こ あります。
3こ たべると のこりは なんこですか。 （しき5てん・こたえ5てん）

しき

こたえ

10までの ひきざん

がつ　にち　<ruby>なまえ<rt></rt></ruby>　　　　　　　　　　　　　　／100てん

1 けいさんを しましょう。　　　　　　　　　(1もん5てん)

① 5－2　　　　② 8－3

③ 4－0　　　　④ 9－6

⑤ 7－5　　　　⑥ 10－2

⑦ 6－4　　　　⑧ 3－3

2 1から 10の すうじを つかって、こたえが 6に
なる しきを 4つ つくりましょう。　　(1つ5てん)

　☐－☐＝6

　☐－☐＝6

　☐－☐＝6

　☐－☐＝6

★★ 3 たまごが 10こ あります。4こ つかいました。
のこりは なんこですか。 <small>（しき5てん・こたえ5てん）</small>

しき

こたえ _____

★★ 4 とりが 8わ いました。3わ とんで いきました。
とりは なんわに なりましたか。 <small>（しき5てん・こたえ5てん）</small>

しき

こたえ _____

★★ 5 いぬが 9ひき、ねこが 7ひき います。
どちらが なんびき おおいですか。 <small>（しき5てん・こたえ5てん）</small>

しき

こたえ （　　　　　）が（　　　　　）ひき おおい

★★ 6 7－2＝5に なる おはなしを つくります。
□に あう かずや ことばを かきましょう。

<small>（ぜんぶできて10てん）</small>

メロンが □こ あります。

すいかは □こ あります。

□□□ は □こです。

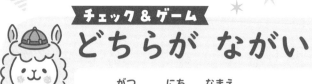

どちらが ながい

がつ　　にち　　なまえ

👑 ながさを くらべる ほうほうと ずが あうように、
せんで むすぼう。

① はしを そろえて
　　くらべる　　　　　●　　　　●　あ　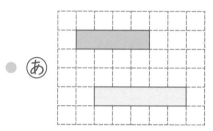

② ますの かずで
　　くらべる　　　　　●　　　　●　い　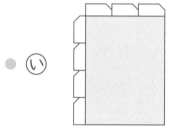

③ カードが いくつぶん
　か　あ　ど
　　あるかで くらべる　●　　　　●　う　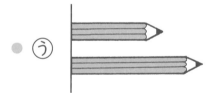

④ おって くらべる　●　　　　●　え　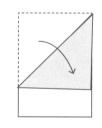

2 ながい じゅんに ひらがなを ならべかえよう。
どんな ことばが でて くるかな？

①

②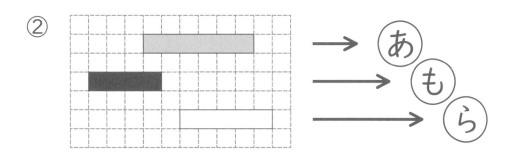

③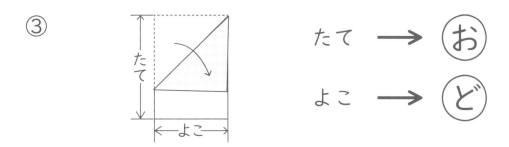

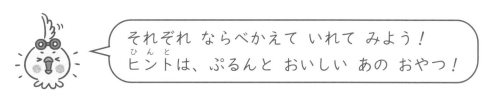

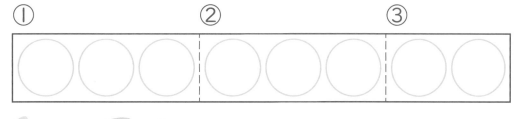

それぞれ ならべかえて いれて みよう！
ヒントは、ぷるんと おいしい あの おやつ！

① ② ③

どちらが ながい

1　どちらが ながいですか。ながい ほうに ○を
つけましょう。

(1もん10てん)

①　かさ

あ　（　　）

い　（　　）

②　リボン

あ　（　　）

い　（　　）

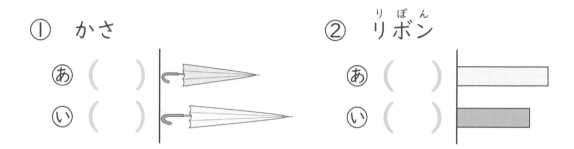

2　どちらが ながいですか。ながい ほうに ○を
つけましょう。

(1もん10てん)

①　かみの たてと よこ

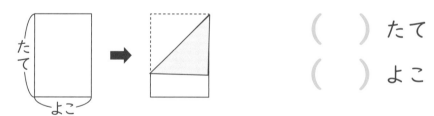

（　　）たて

（　　）よこ

②　きの みきの まわりと でんしんばしらの まわり

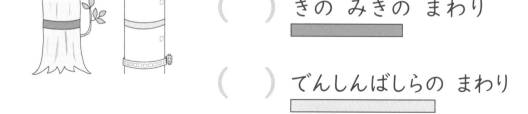

（　　）きの みきの まわり

（　　）でんしんばしらの まわり

★3 ますめ いくつぶんの ながさですか。 （1もん10てん）

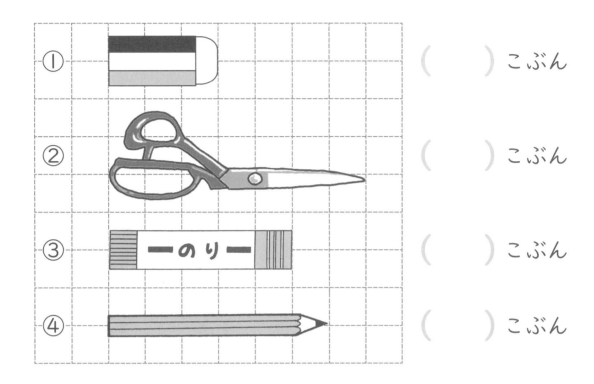

① （　　　）こぶん

② （　　　）こぶん

③ （　　　）こぶん

④ （　　　）こぶん

★4 ますめ いくつぶんの ながさですか。 （1もん10てん）

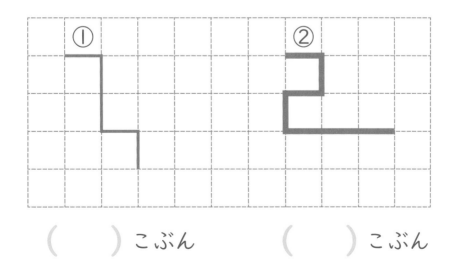

（　　　）こぶん　　　　（　　　）こぶん

どちらが ながい

★ **1**　どれが いちばん ながいですか。
　　いちばん ながい ものに ○を つけましょう。 （1もん10てん）

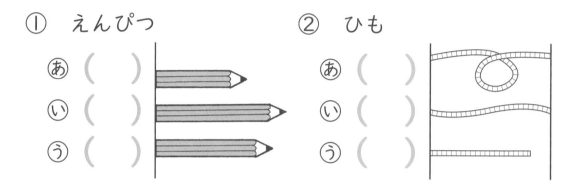

① えんぴつ

ⓐ （　　）
ⓘ （　　）
ⓤ （　　）

② ひも

ⓐ （　　）
ⓘ （　　）
ⓤ （　　）

★ **2**　ながい じゅんに きごうを かきましょう。 （10てん）

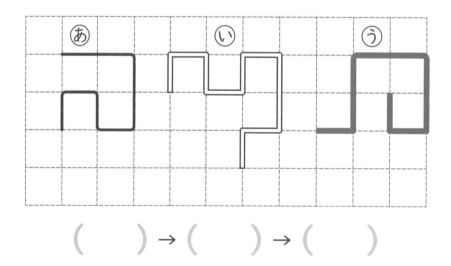

（　　）→（　　）→（　　）

3 どちらが ながいですか。ながい ほうに ○を
つけましょう。

(1もん10てん)

① ほんの たてと よこ

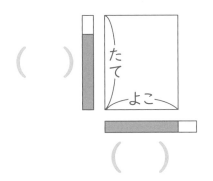

( )

( )

② けしゴム(ごむ)と クレヨン(くれよん)

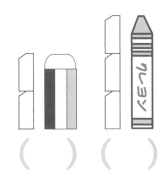

( ) ( )

4 ますめを つかって ながさを くらべて います。

① あ～えは、それぞれ ますめ いくつぶんですか。

(1もん10てん)

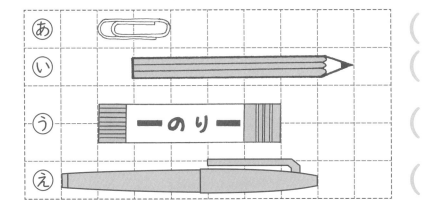

あ ( ) こぶん

い ( ) こぶん

う ( ) こぶん

え ( ) こぶん

② あと うでは、どちらが いくつぶん ながいですか。

(10てん)

( ) が ( ) こぶん ながい

 いぬ、ねこ、さる、ねずみが いるよ。

① いぬは なんびきかな。　　　（　　　）ひき

② 3ばんめに おおい どうぶつは なにかな。

（　　　　　　　　）

 どうぶつが いっぱいで かぞえにくいよ～！

どうぶつの かずを せいりしたよ。

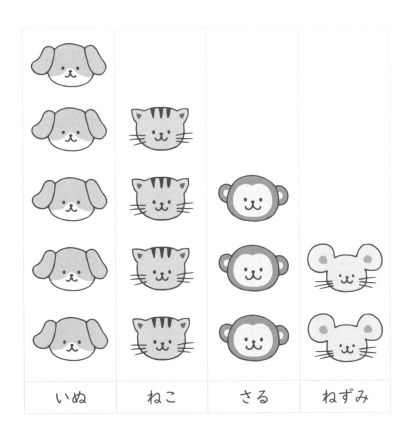

① いちばん おおい どうぶつは なにかな。

（　　　　　　　　）

② いちばん すくない どうぶつは なにかな。

（　　　　　　　　）

 せいりすると わかりやすいね！

◆ えんぴつ、けし<ruby>ゴ<rt>ご</rt></ruby><ruby>ム<rt>む</rt></ruby>、<ruby>ペ<rt>ぺ</rt></ruby><ruby>ン<rt>ん</rt></ruby>が あります。

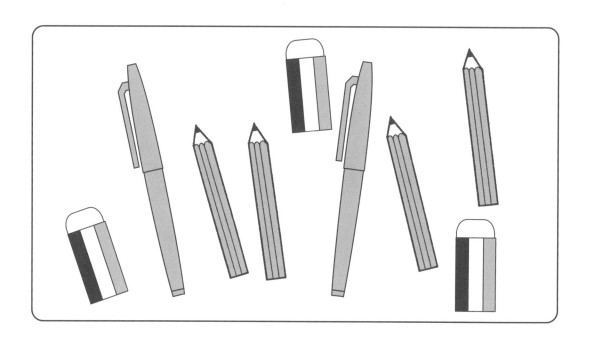

① かずを かぞえて いろを ぬりましょう。 （1れつ10てん）

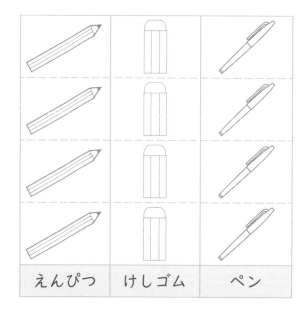

② それぞれ いくつ ありますか。 （1もん10てん）

えんぴつ ☐ ほん

けしゴム ☐ こ

ペン ☐ ほん

③ いちばん おおいのは なんですか。 （10てん）

（　　　　　　　　　　）

④ いちばん すくないのは なんですか。 （10てん）

（　　　　　　　　　　）

⑤ えんぴつと ペンでは、どちらが なんぼん
おおいですか。 （（　）1つ10てん）

（　　　　　　　）が（　　　）ほん おおい

かずしらべ

がつ　にち　なまえ　　　　　　　　　　　　／100てん

◆　くだものが たくさん あります。

①　かずを かぞえて いろを ぬりましょう。　（1れつ5てん）

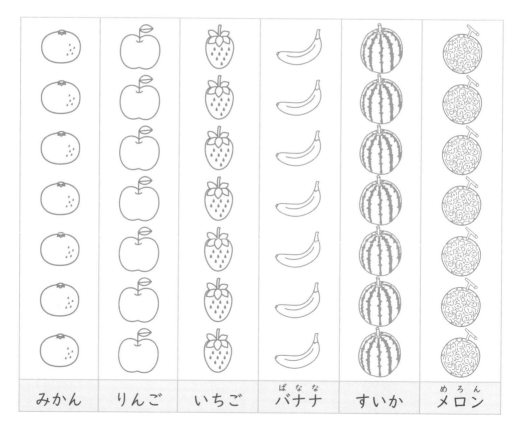

| みかん | りんご | いちご | バナナ | すいか | メロン |

② いちばん おおい くだものは なんですか。 (10てん)

（　　　　　　　　）

③ いちばん すくない たべものは なんですか。

(10てん)

（　　　　　　　　）

④ バナナの かずは いくつですか。 (10てん)

（　　　　　　　　）ほん

⑤ おなじ かずの くだものは、どれと どれですか。

(10てん)

（　　　　　　）と（　　　　　　）

⑥ 2ばんめに おおい くだものは なんですか。 (10てん)

（　　　　　　　　）

⑦ すいかと メロンでは、どちらが なんこ
おおいですか。

(（　）1つ10てん)

（　　　　　　　）が（　　　　）こ おおい

10より おおきい かず

がつ　　にち　　なまえ

10から 20まで じゅんに へやを とおって、
ゴールまで いこう！

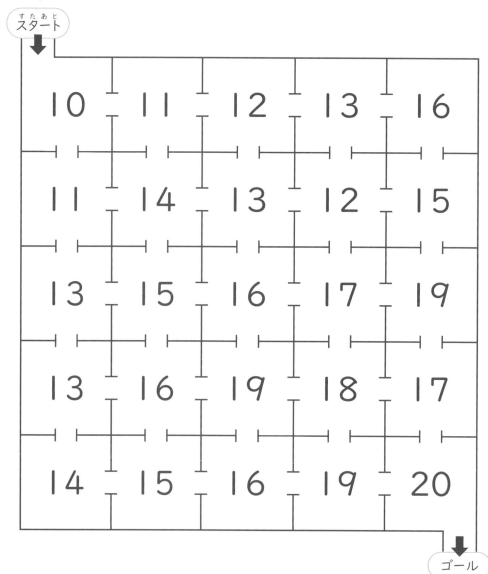

 2 ☐に あてはまる すうじを かこう!

① 12は 10と ☐

② 13 - 14 - ☐ - 16 - 17

③ 17-5= ☐

 ①~③で ☐に かいた すうじを ぬりつぶそう!
かたかな 2もじが でてくるよ。

1	3	10	1	5	10	4	3	1
10	2	15	12	3	4	2	5	12
11	13	5	2	5	3	15	4	15
5	2	15	12	15	1	10	11	2
13	14	10	1	3	4	5	2	12

でて きた はなの なまえを ○で かこもう!

ユリ (ゆり)   バラ (ばら)   ウメ (うめ)

   ·   ·

10より おおきい かず

がつ　　にち　　なまえ　　　　　　　　　　　　　　　／100てん

1 かずを かぞえて、□□ に すうじで かきましょう。

（1もん5てん）

①
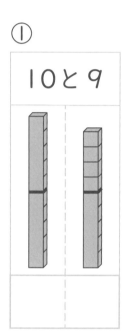
10と9

②
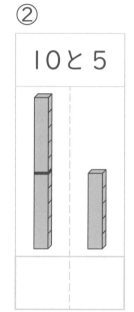
10と5

③
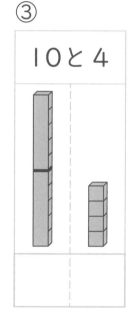
10と4

④
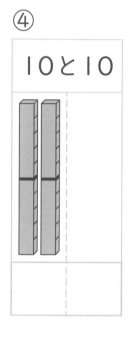
10と10

2 おおきい ほうに ○を つけましょう。

（1もん5てん）

① 18 14
（　）（　）

② 11 13
（　）（　）

③ 10 12
（　）（　）

④ 17 12
（　）（　）

3 ◻ に あてはまる かずを かきましょう。 (◻1つ5てん)

① ─ 15 ─ ◻ ─ 17 ─ ◻ ─

② ─ ◻ ─ 19 ─ 18 ─ ◻ ─

4 ◻ に あてはまる かずを かきましょう。 (1もん5てん)

① 10と 4で ◻

② 10と 7で ◻

③ 18は 10と ◻

④ 20は 10と ◻

5 けいさんを しましょう。 (1もん5てん)

① 13＋2   ② 15＋4

③ 14－3   ④ 16－6

10より おおきい かず

がつ　にち　　なまえ　　　　　　　　　　　　　　　　／100てん

★**1** すうじの かずだけ タイルを ぬりましょう。　（1もん5てん）

① 　② 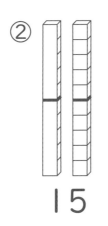　③ 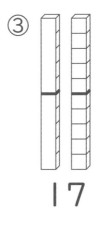　④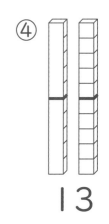

11　　　　15　　　　17　　　　13

★**2** □に あてはまる かずを かきましょう。　（1もん5てん）

① 10と 6で □

② 10と 10で □

③ 17は 10と □

④ 15は 10と □

3 けいさんを しましょう。 （1もん5てん）

① $12+5$ ② $14+2$

③ $16+3$ ④ $11+7$

⑤ $18-4$ ⑥ $15-2$

⑦ $17-5$ ⑧ $19-3$

4 いちごが 15こ ありました。4こ たべました。
のこりは なんこですか。ひきざんの しきに して
こたえを もとめましょう。 （しき5てん・こたえ5てん）

しき 　□ － □ ＝ □

こたえ

5 こうえんに こどもが 13にん いました。
4にん きました。
あわせて なんにんに なりましたか。たしざんの
しきに して こたえを もとめましょう。 （しき5てん・こたえ5てん）

しき 　□ ＋ □ ＝ □

こたえ

10より おおきい かず

| がつ | にち | なまえ | | /100てん |

★1 けいさんを しましょう。

(1もん5てん)

① 13＋6   ② 12＋5

③ 11＋8   ④ 14＋4

⑤ 10＋10   ⑥ 19－7

⑦ 15－1   ⑧ 18－3

⑨ 16－2   ⑩ 17－5

★2 1から 15までの すうじを つかって こたえが 11に なる しきを 4つ つくりましょう。

(1もん5てん)

① ☐－☐＝11   ② ☐－☐＝11

③ ☐－☐＝11   ④ ☐－☐＝11

3 こうえんで こどもが 17にん あそんで いました。
4にん かえりました。
こうえんには なんにん いますか。ひきざんの
しきに して こたえを もとめましょう。(しき5てん・こたえ5てん)

しき ⬜ － ⬜ ＝ ⬜

こたえ _____

4 りんごが 4こ、みかんが 19こ あります。
どちらが どれだけ おおいですか。(しき5てん・こたえ5てん)

しき

こたえ （ 　　　　　 ）が （ 　　　 ）こ おおい

5 おはじきを 12こ もって います。4こ もらいました。
あわせて なんこに なりましたか。(しき5てん・こたえ5てん)

しき

こたえ _____

なんじ なんじはん

がつ　　にち　　なまえ

スタートから、こたえが ただしいほうを とおって
ゴールまで すすもう！

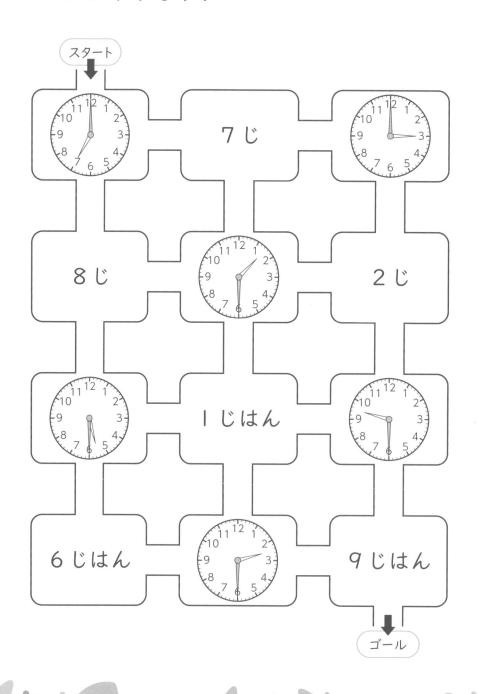

2 ただしい ことを いって いるのは だれかな？

さる

> とけいは、ながい はり
> 2ほんで できて いるよ。

りす

> みじかい はりが 5
> ながい はりが 12の ときは
> 5じ12ふんだよ。

くま

> みじかい はりが 6と 7の あいだで
> ながい はりが 6の ときは
> 6じはんだよ。

ねこ

> みじかい はりが 4と 5の あいだで
> ながい はりが 6の ときは
> 5じはんだよ。

ただしいのは （　　　　　　　）さん

なんじ なんじはん

よういするもの…ものさし

★
1 とけいを よみましょう。

（1もん10てん）

①

（　　　　　　）

②

（　　　　　　）

③

（　　　　　　）

④

（　　　　　　）

⑤

（　　　　　　）

⑥

（　　　　　　）

2 ながい はりを かきましょう。 （1もん10てん）

① 10じ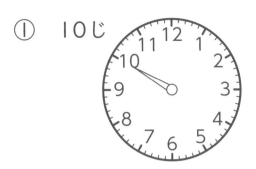

② 2じはん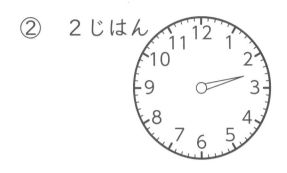

3 したの とけいを みて、□に あてはまる すうじや
ことばを ⬚ から えらんで かきましょう。（□1つ5てん）

ながい はりは □ を さして います。

みじかい はりは、9と □ の あいだを

さして います。 □ じ ⬚ です。

9 10 6 はん

なんじ なんじはん

よういするもの…ものさし

1 ながい はりを かきましょう。

（1もん5てん）

① 8じ   ② 5じ   ③ 2じはん

④ 4じはん   ⑤ 12じはん   ⑥ 11じ

2 ながい はりと みじかい はりを かきましょう。

（1もん10てん）

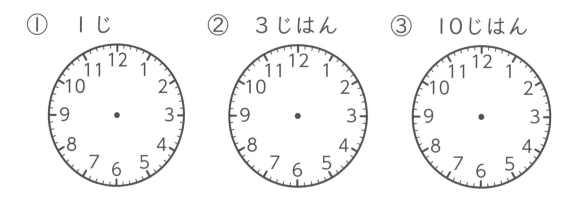

① 1じ   ② 3じはん   ③ 10じはん

★3 とけいが じゅんに ならんで います。
　①～③の （　） に あてはまる とけいは あ～うの
どれですか。

（（　）1つ5てん）

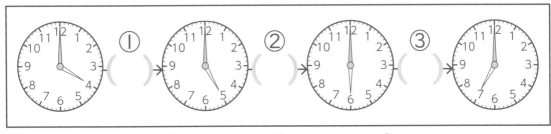

★4 ただしい とけいの はりは どちらですか。
　〇を つけましょう。

（1もん10てん）

① 4じ

② 9じはん

★5 □に あてはまる かずを かきましょう。

（5てん）

　8じはんの とき、みじかい はりは

　8と □の あいだを さします。

3つの かずの けいさん

がつ　　にち　　なまえ

 いちごを つみに いったよ。

① おはなしの じゅんばんに なるように、（ ） に
ばんごうを かこう。

10こ つんで、5こ たべたよ。
その あと また 3こ つんだよ。

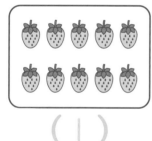
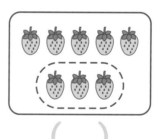

（ 1 ）　　　　　（ ）　　　　　（ ）

② しきに して みよう。

$$\boxed{10} - \boxed{} + \boxed{} = \boxed{}$$

〈10こ つんだ〉　〈5こ たべた〉　〈3こ つんだ〉

こたえ $\boxed{}$ こ

2 こたえが 8に なる しきを とおって、でぐちまで いこう！

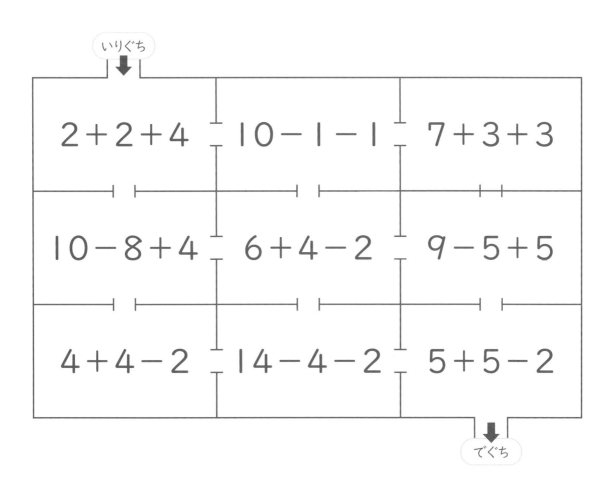

いりぐち

2+2+4	10-1-1	7+3+3
10-8+4	6+4-2	9-5+5
4+4-2	14-4-2	5+5-2

でぐち

2+2+4なら、2+2は 4、
4+4は 8、と まえから じゅんに
けいさんして いけば できるよ！

とおった へやの かず … （　　　　）

3つの かずの けいさん

がつ　　　にち　なまえ

/100てん

1 しきと おはなしが あうように せんで
むすびましょう。

（1もん10てん）

① 5＋3＋1 ●

あ

● とりが 5わ いました。
3わ とんで いきました。
また 1わ とんで いきました。

② 5－3－1 ●

い

● あめを 5こ もって いました。
3つ もらいました。
また 1つ もらいました。

2 けいさんを しましょう。

（1もん5てん）

① 6＋4＋2

② 2＋5＋3

③ 7＋3－5

④ 9＋1－4

⑤ 6－2＋3

⑥ 12－2＋6

⑦ 4＋5－2

⑧ 10－8＋5

⑨ 18－8－6

⑩ 10－5－3

3 クッキーが 10まい ありました。おやつに 2まい たべました。その あと、おにいさんが 4まい たべました。
　クッキーは なんまいに なりましたか。 (しき5てん・こたえ5てん)

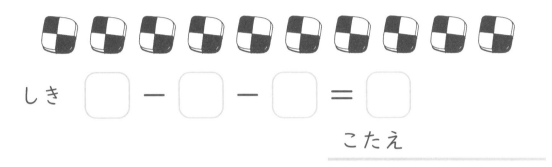

しき ⬜ − ⬜ − ⬜ = ⬜

こたえ

4 バスに 4にん のって いました。6にん のって きました。また 3にん のって きました。
　バスに なんにん のって いますか。 (しき5てん・こたえ5てん)

しき

こたえ

5 とりが 7わ います。3わ とんで きました。
4わ とんで いきました。
　とりは なんわに なりましたか。 (しき5てん・こたえ5てん)

しき

こたえ

3つの かずの けいさん

がつ　　にち　　なまえ　　　　　　　　　　　　　　　　　　／100てん

⭐**1** けいさんを しましょう。　　　　　　　　　　　　　　　（1もん5てん）

① 7＋3＋6　　　　　② 4＋2＋3

③ 5＋5－2　　　　　④ 1＋9－6

⑤ 13－3＋4　　　　⑥ 8－6＋3

⑦ 10－7－2　　　　⑧ 14－4－6

⑨ 15＋4－9　　　　⑩ 11＋6－7

⭐**2** こたえが 15に なる カードを つくりましょう。
　　　　　　　　　　　　　　　　　　　　　　　（1もん10てん）

① ┃ 10＋8－ ☐

② ┃ 17－ ☐ ＋5

68

3 たまごが 10こ ありました。3こ つかいました。
また 3こ つかいました。
たまごは なんこ のこって いますか。 <small>(しき5てん・こたえ5てん)</small>

しき

こたえ _____

4 こうえんで 14にん あそんで いました。
4にん かえって、3にん きました。
こうえんには なんにん いますか。 <small>(しき5てん・こたえ5てん)</small>

しき

こたえ _____

5 8−3＋2の おはなしに なるように、☐ に
ことばや すうじを かきましょう。 <small>(☐1つ2てん)</small>

すずめが ☐ わ いました。

☐ わ とんで _____。

その あと ☐ わ とんで _____。

チェック & ゲーム

どちらが おおい

がつ　　にち　　なまえ

👑 みずの かさを くらべる ほうほうと ずが
あうように、せんで むすぼう！

① たかさを
　 くらべる

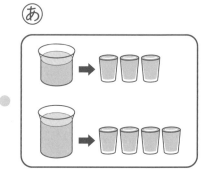
あ

② いっぽうの
　 コップに うつして
　 くらべる

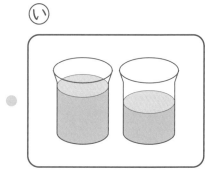
い

③ コップ なんばい
　 ぶんに なるかで
　 くらべる

う

2 おなじ かさの ものを せんで むすぼう！

①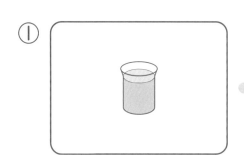

あ

②

い

③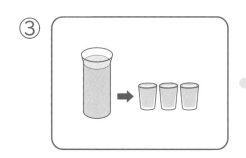

う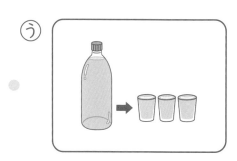

「かさ」って、あめの ひの？

その 「かさ」じゃ ないよ！ものの 「りょう」の ことも 「かさ」と いうんだ。

どちらが おおい

1 どちらの かさが おおいですか。
　　おおい ほうに ○を つけましょう。

（1もん10てん）

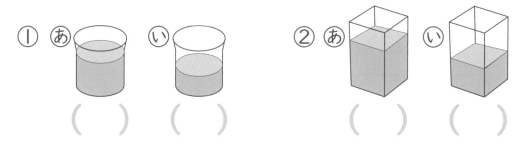

① あ（　　）　い（　　）　　② あ（　　）　い（　　）

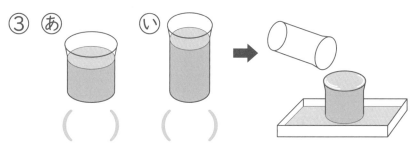

③ あ（　　）　い（　　）

④ い（　　）

あ（　　）

⑤ あ（　　）　い（　　）

いに いっぱいまで
いれた みずを あに
うつしました。

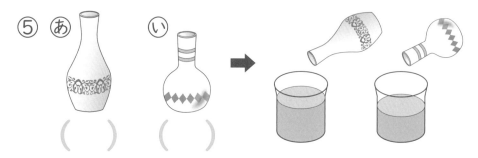

2 かさが おおい ほうに ○を つけましょう。(1もん10てん)

① あ（　　） い（　　）

② あ（　　） い（　　）

3 あ、い、うの なかみを おなじ おおきさの コップで
くらべました。(1もん10てん)

あ　〔コップ〕で 7はい　い　〔コップ〕で 10ぱい　う　〔コップ〕で 9はい

① あと いの ちがいは コップ なんばいぶんですか。

（　　　　）ばいぶん

② あと うの ちがいは コップ なんばいぶんですか。

（　　　　）はいぶん

③ おおい じゅんに ならべましょう。

（　　　）→（　　　）→（　　　）

どちらが おおい

がつ　にち　なまえ　　　　　　　　　　　　／100てん

1 どちらの かさが おおいですか。
おおい ほうに ○を つけましょう。

(1もん10てん)

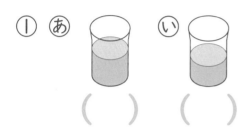

① あ　　　　　い

（　　）　（　　）

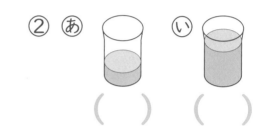

② あ　　　　　い

（　　）　（　　）

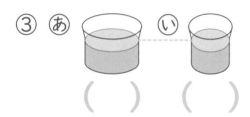

③ あ　　　　　い

（　　）　（　　）

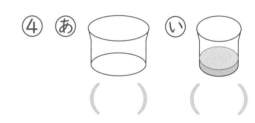

④ あ　　　　　い

（　　）　（　　）

2 おおい じゅんに ばんごうを かきましょう。　(10てん)

（　　）

（　　）

（　　）

3 どちらの かさが おおいですか。
おおい ほうに ○を つけましょう。 （1もん10てん）

① ㋐ （　　　）　　　　　　㋑ （　　　）

② ㋐の ビン いっぱいに いれた みずを ㋑の ビンに
うつしても、㋑の ビンは いっぱいに ならなかった。

　　㋐の ビン　　　（　　）　　　㋑の ビン　　　（　　）

③ ㋐の コップ いっぱいに いれた みずを ㋑の
コップに うつすと、みずが あふれた。

　　㋐の コップ　（　　）　　　㋑の コップ　（　　）

④ おなじ おおきさの コップ 5はいぶんの
あかい すいとうと、6ぱいぶんの あおい すいとう。

　　あかい すいとう （　　）　　　あおい すいとう （　　）

⑤ おなじ おおきさの コップ 6ぱいぶんの しろい
やかんと、6ぱいぶんと すこし あった あかい やかん。

　　しろい やかん （　　）　　　あかい やかん （　　）

くりあがりの ある たしざん

がつ　　にち　　なまえ

👑 あんごうの おてがみだよ。けいさんして、ヒントの
もじを いれて よんで みよう！

あつく なって きたから、

$$8+5 \cdot 9+9 \cdot 4+7$$
　①　　　　②　　　　③

$$6+8 \cdot 8+8$$ を
　④　　　　⑤

たべに いこうよ！

- -

ヒント

11	12	13	14	15	16	17	18
ご	い	か	お	す	り	あ	き

---

	①	②	③	④	⑤
こたえ					
ことば					

👑**2** 2+9の へやから、こたえが 1ずつ おおきく
なる へやを とおって、でぐちまで いこう！

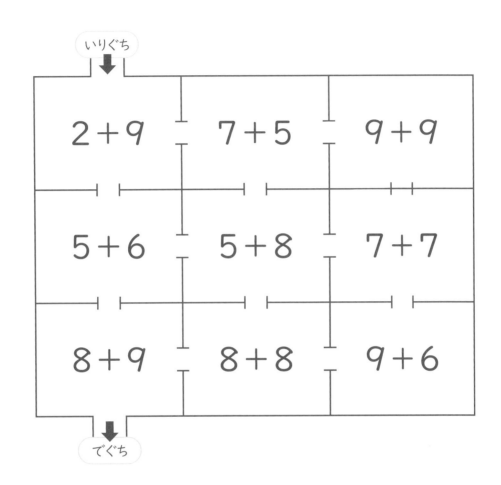

いりぐち		
2+9	7+5	9+9
5+6	5+8	7+7
8+9	8+8	9+6

でぐち

 2+9は 11だから、つぎは こたえが
12に なる へやを とおるんだね！

とおった へやの かず … （　　　　　）

1 けいさんを しましょう。

（1もん5てん）

① 6＋7　　② 8＋5

③ 9＋3　　④ 4＋7

⑤ 8＋6　　⑥ 6＋5

⑦ 7＋7　　⑧ 9＋8

⑨ 5＋8　　⑩ 7＋6

⑪ 2＋9　　⑫ 3＋8

2 こたえが おなじに なる カードを せんで
むすびましょう。

（1もん5てん）

① 4＋9　●　●あ 9＋5

② 8＋6　●　●い 6＋7

3 こうえんで こどもが 8にん あそんで いました。
4にん きました。
こどもは あわせて なんにんに なりましたか。

（しき5てん・こたえ5てん）

しき

こたえ

4 あかい はなが 7ほん、しろい はなが 9ほん
あります。
あわせて なんぼん ありますか。

（しき5てん・こたえ5てん）

しき

こたえ

5 とりが 9わ います。そこへ 4わ とんで きました。
みんなで なんわに なりましたか。

（しき5てん・こたえ5てん）

しき

こたえ

くりあがりの ある たしざん

/100てん

1 けいさんを しましょう。　　　　　　　　　　　　（1もん5てん）

① 9＋6　　　　　② 8＋4

③ 5＋9　　　　　④ 7＋9

⑤ 9＋9　　　　　⑥ 5＋6

⑦ 7＋8　　　　　⑧ 8＋8

⑨ 4＋9　　　　　⑩ 6＋9

⑪ 8＋7　　　　　⑫ 9＋5

2 1から 9までの すうじを つかって、こたえが 17に なる たしざんの カードを 2まい つくりましょう。

（1つ5てん）

| ＋ |　　　| ＋ |

3 あかい くるまが 3だい、しろい くるまが 8だい
あります。
　　くるまは、ぜんぶで なんだい ありますか。

しき

こたえ

4 まるい さらが 7まい、しかくい さらが 7まい
あります。
　　あわせて なんまい ありますか。

しき

こたえ

5 どんぐりを おねえさんが 9こ、わたしが 7こ
ひろいました。
　　あわせて なんこ ひろいましたか。

しき

こたえ

くりあがりの ある たしざん

がつ　　にち　　<ruby>名<rt>なまえ</rt></ruby>

/100てん

1 けいさんを しましょう。　　　　　　　　　　　　　　(1もん5てん)

① 9＋2　　　　② 8＋8

③ 6＋6　　　　④ 6＋8

⑤ 7＋5　　　　⑥ 9＋4

⑦ 9＋7　　　　⑧ 8＋9

⑨ 8＋3　　　　⑩ 9＋9

2 1から 9までの すうじを つかって、こたえが
15に なる しきを 4つ つくりましょう。　　(1もん5てん)

☐ ＋ ☐ ＝15　　　☐ ＋ ☐ ＝15

☐ ＋ ☐ ＝15　　　☐ ＋ ☐ ＝15

3 きのう いちごを 6こ たべました。
きょう 5こ たべました。
あわせて なんこ たべましたか。 (しき5てん・こたえ5てん)

しき

こたえ

4 りんごが 9こ あります。
3こ もらいました。
あわせて なんこに なりましたか。 (しき5てん・こたえ5てん)

しき

こたえ

5 えを みて 8+4の しきに なる もんだいを
つくりましょう。 (10てん)

チェック&ゲーム
かたち（1）

がつ　　にち　　なまえ

 つみきあそびを したよ。

やったあ！
できた！

ボール、はこ、つつの
3しゅるいの
かたちで できたね！

かたちの なまえを せんで むすぼう。

はこの かたち　　ボールの かたち　　つつの かたち

👑 **2** ◯ → ⬭ → ▱ の じゅんに とおって ゴール^{ご お る}まで すすもう！（ななめには すすめないよ）

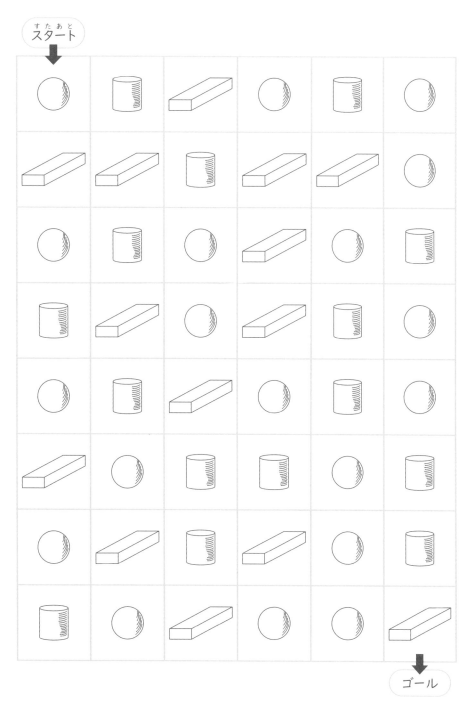

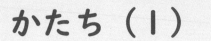

かたち（1）

1  あ～かを ◯🥫▱ に なかまわけします。
（　）に あ～かの きごうを かきましょう。

（（　）1つ10てん）

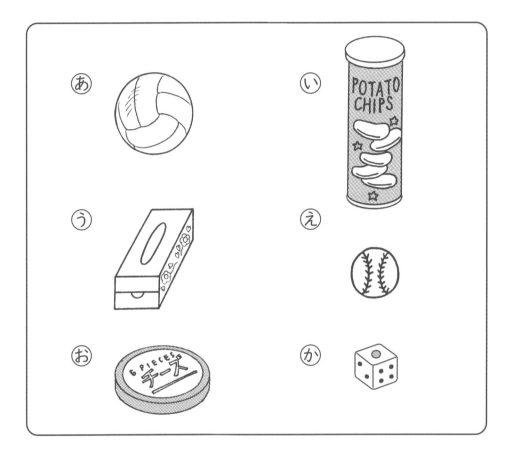

あ　　　　　　　　　　　　い

う　　　　　　　　　　　　え

お　　　　　　　　　　　　か

① ◯　　　② 🥫　　　③ ▱

（　）（　）　　（　）（　）　　（　）（　）

★2 どちらが よく ころがりますか。
よく ころがる ほうに ○を つけましょう。(1もん5てん)

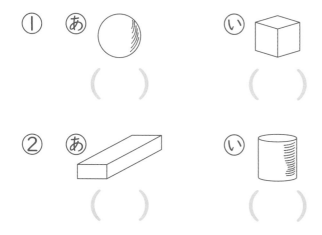

① あ （　）　　い （　）

② あ （　）　　い （　）

★3 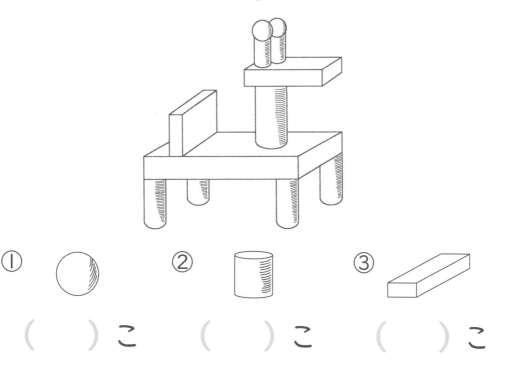 の かたちの なかまを それぞれ
なんこ つかって いますか。 (1もん10てん)

① ◯ （　）こ　　② ⬭ （　）こ　　③ ▱ （　）こ

かたち（1）

1 ①～⑧の かたちを なかまわけします。
　　⬤には ㋐、▯には ㋑、▱には ㋒を かきましょう。
　　なかまに はいらない ものには ×を かきましょう。

（1もん10てん）

① （　）　　　② （　）

③ （　）　　　④ （　）

⑤ （　）　　　⑥ （　）

⑦ （　）　　　⑧ （　）

2 ⬚の ①〜③の どれかを うつしとって、えを
かきました。⑧と ⓘは、どれを つかって かきましたか。
（　）に ①〜③の ばんごうを かきましょう。（（　）1つ5てん）

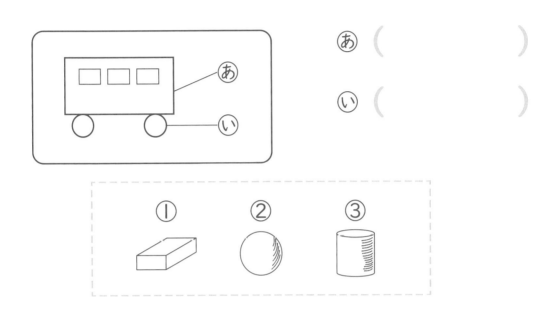

⑧　（　　　　　　）

ⓘ　（　　　　　　）

3 つぎの かたちは ⬜ を つかって つくりました。
なんこ つかって いますか。
ただしい ほうに 〇を つけましょう。

（1もん5てん）

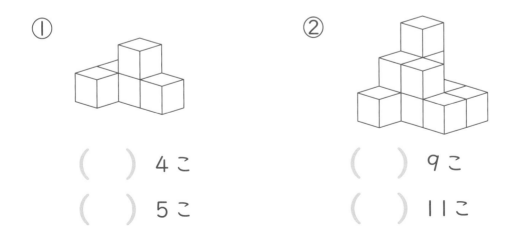

①

（　）4こ

（　）5こ

②

（　）9こ

（　）11こ

くりさがりの ある ひきざん

がつ　　にち　　なまえ

👑 あんごうの おてがみだよ。けいさんして、ヒントの
もじを いれて よんで みよう！

こんど いっしょに

$$11-8 \cdot 14-7 \cdot 15-9$$
　① 　　　　 ② 　　　　 ③

$$12-8 \cdot 11-9 \, に$$
　④ 　　　　 ⑤

いきたいね！

- -

ヒント

1	2	3	4	5	6	7	8
す	ち	ゆ	ん	ぞ	え	う	か

---

	①	②	③	④	⑤
こたえ					
ことば					

2 12−9の へやから、こたえが 1ずつ おおきく
なる へやを とおって、でぐちまで いこう！

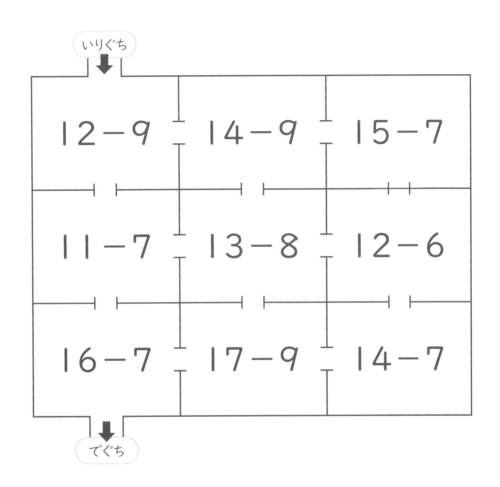

いりぐち

12−9	14−9	15−7
11−7	13−8	12−6
16−7	17−9	14−7

でぐち

12−9は 3だね。つぎは こたえが
4に なる へやを とおるから…

とおった へやの かず … （　　　　　　）

91

くりさがりの ある ひきざん

がつ　にち　なまえ

/100てん

1 けいさんを しましょう。　　　　　　　　　　（1もん5てん）

① 13−6　　　　② 12−7

③ 11−2　　　　④ 14−8

⑤ 15−6　　　　⑥ 11−5

⑦ 12−4　　　　⑧ 13−8

⑨ 11−8　　　　⑩ 16−7

⑪ 14−5　　　　⑫ 12−9

2 こたえが おなじに なる カードを せんで
むすびましょう。　　　　　　　　　　（1もん5てん）

① 15−9　　　●　　　●あ 16−8

② 13−5　　　●　　　●い 12−6

92

3 いちごが 12こ ありました。5こ たべました。
のこりは なんこですか。
（しき5てん・こたえ5てん）

🍓 🍓 🍓 🍓 🍓 🍓 🍓 🍓 🍓 🍓　🍓 🍓

しき

こたえ _____

4 にわとりが 3わ、ひよこが 11わ います。
どちらが なんわ おおいですか。
（しき5てん・こたえ5てん）

しき

こたえ （　　　　　　　　）が （　　　）わ おおい

5 16にんで ドッジボールを して います。
8にん かえると のこりは なんにんですか。
（しき5てん・こたえ5てん）

しき

こたえ _____

よそうとくてん…　　　　てん

くりさがりの ある ひきざん

がつ　　にち　　なまえ　　　　　　　　　　　　／100てん

1 けいさんを しましょう。　(1もん5てん)

① 15−7　　　② 15−9

③ 13−4　　　④ 11−3

⑤ 12−5　　　⑥ 11−6

⑦ 17−9　　　⑧ 16−8

⑨ 13−7　　　⑩ 13−5

⑪ 14−9　　　⑫ 12−8

2 □に あてはまる すうじを かきましょう。　(1もん5てん)

① □−8＝7

② □−6＝8

3 こうえんで こどもが 15にん あそんで いました。
6にん かえりました。
こうえんに のこって いる こどもは なんにんですか。

（しき5てん・こたえ5てん）

しき

こたえ

4 ふうせんが 12こ あります。
7にんに ひとつずつ くばります。
ふうせんは なんこ のこりますか。

（しき5てん・こたえ5てん）

しき

こたえ

5 みかんが 11こ、りんごが 2こ あります。
みかんは りんごより なんこ おおいですか。

（しき5てん・こたえ5てん）

しき

こたえ

くりさがりの ある ひきざん

がつ　　にち　　^{なまえ}　　　　　　　　　　　　　　　　　　／100てん

★
1 けいさんを しましょう。　　　　　　　　（1もん5てん）

① 14−6　　　　② 18−9

③ 11−4　　　　④ 15−7

⑤ 12−6　　　　⑥ 16−9

⑦ 11−9　　　　⑧ 14−7

⑨ 17−8　　　　⑩ 12−3

⑪ 13−9　　　　⑫ 15−8

★
2 ☐に あてはまる すうじを かきましょう。（1もん5てん）

① ☐ −6＝5

② 17− ☐ ＝8

96

3 もんだいと ずが あうように せんで むすびましょう。

(1もん5てん)

①
りんごが 11こ、
なしが 8こ あります。
どちらが なんこ おおいですか。

②
みかんが 14こ あります。
5こ たべました。
のこりは なんこですか。

あ

い

4 たまごが 15こ あります。6こ つかいました。
のこりは なんこですか。

(しき5てん・こたえ5てん)

しき

こたえ

5 えを みて 12−8の しきに なる もんだいを
つくりましょう。

(10てん)

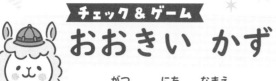

チェック & ゲーム
おおきい かず

がつ　　にち　　なまえ

👑Ｉ あんごうの おてがみだよ。けいさんして、ヒントの
もじを いれて よんで みよう！

こんど、おうちで いっしょに

$$93-3 \cdot 60+8 \cdot 73+4$$
　①　　　　　②　　　　　③

$$88-6 \cdot 60+40 \ を$$
　④　　　　　⑤

つくりたいな！　おいしく できるかな？

- -

ヒント

68	70	77	80	82	90	96	100
き	ケ	プ	ー	リ	や	ご	ン

	①	②	③	④	⑤
こたえ					
ことば					

2 いりぐちから、5 ずつ おおきく なるように へやを とおって、でぐちまで いこう！

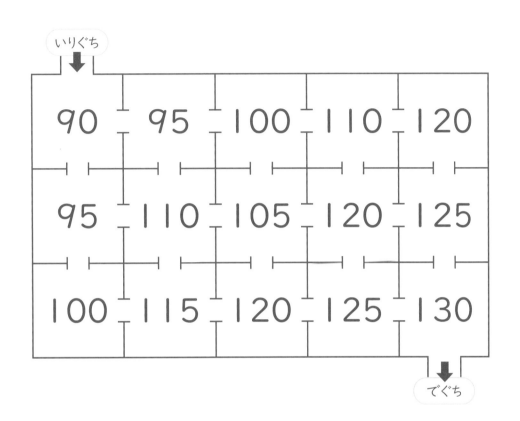

いりぐち

90	95	100	110	120
95	110	105	120	125
100	115	120	125	130

でぐち

 95より 5 おおきい かずは、えっと…

 3けたの かずに なるよ！

とおった へやの かず … (　　　　　)

おおきい かず

1 けいさんを しましょう。　　　　　　　　　（1もん5てん）

① 30＋10　　　　② 50＋8

③ 25＋4　　　　④ 60－10

⑤ 46－6　　　　⑥ 77－3

2 つぎの かずを すうじで かきましょう。　　（1もん5てん）

① 100より 10 おおきい かず　　（　　　　　）

② 60より 20 おおきい かず　　（　　　　　）

③ 100より 5 おおきい かず　　（　　　　　）

3 かずの せんを みて、あ、いの めもりが あらわす
かずを かきましょう。　　　　　　　　　（（　）1つ5てん）

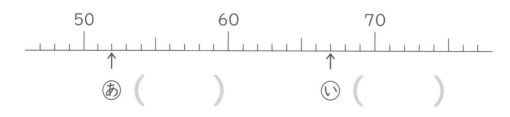

あ（　　　　　）　　　い（　　　　　）

4 おおきい ほうに ◯を つけましょう。 （1もん5てん）

① ⌈59⌉ ⌈56⌉　　② ⌈69⌉ ⌈96⌉
　（　）（　）　　（　）（　）

5 ☐に あてはまる かずを かきましょう。（☐1つ5てん）

① ─ 70 ─ 75 ─ ☐ ─ 85 ─ 90 ─

② ─ 80 ─ 90 ─ ☐ ─ 110 ─ ☐ ─

③ ─ 102 ─ 101 ─ ☐ ─ ☐ ─ 98 ─

6 いちごが 36こ あります。5こ たべました。
のこりは いくつですか。 （しき5てん・こたえ5てん）

しき

こたえ ＿＿＿＿＿＿＿＿＿＿

おおきい かず

がつ　にち　なまえ　　　　　　　　／100てん

1 けいさんを しましょう。　　　　　　（1もん5てん）

① 50＋30　　　　② 60＋7

③ 84＋5　　　　④ 70−30

⑤ 97−7　　　　⑥ 89−4

2 つぎの かずを すうじで かきましょう。　（1もん5てん）

① 10を 10こ あつめた かず　　（　　　　　）

② 120より 5 ちいさい かず　　（　　　　　）

③ 100より 20 ちいさい かず　　（　　　　　）

3 おおきい ほうに ○を つけましょう。　（1もん5てん）

① ［98］ ［108］　　② ［101］ ［110］
　（　）（　）　　　　　（　）（　）

102

4 ☐ に あてはまる かずを かきましょう。(☐1つ5てん)

① 90 – 100 – ☐ – 120

② 80 – 85 – ☐ – ☐ – 100

③ 120 – ☐ – 118 – ☐ – 116

5 いろがみを 58まい もって います。
4まい つかいました。
のこりは なんまいですか。 (しき5てん・こたえ5てん)

しき

こたえ

6 あかい はなが 40ぽん、しろい はなが 50ぽん
さいて います。
あわせて なんぼん さいて いますか。 (しき5てん・こたえ5てん)

しき

こたえ

おおきい かず

がつ　にち　　なまえ　　　　　　　　　　　　　　／100てん

1 けいさんを しましょう。　　　　　　　　（1もん5てん）

① 60＋40　　　　② 70＋4

③ 6＋53　　　　④ 100−30

⑤ 84−2　　　　⑥ 98−6

2 つぎの かずを すうじで かきましょう。　　（1もん5てん）

① 100より 1 ちいさい かず　　　　（　　　　　）

② 10を 6こと 1を 5こ あわせた かず　（　　　　　）

③ 110より 5 おおきい かず　　　　（　　　　　）

3 おおきい じゅんに ばんごうを かきましょう。（1もん5てん）

① 89　109　69　99
（　）（　）（　）（　）

② 86　102　120　68
（　）（　）（　）（　）

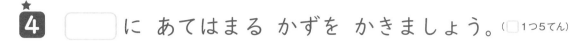

4 □ に あてはまる かずを かきましょう。（□1つ5てん）

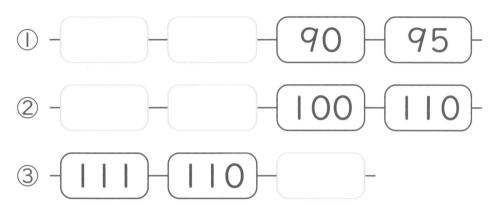

① ─ [ ] ─ [ ] ─ 90 ─ 95 ─

② ─ [ ] ─ [ ] ─ 100 ─ 110 ─

③ ─ 111 ─ 110 ─ [ ] ─

5 みんなで キャンプに いきました。
おとなは 5にん、こどもは 34にん います。
あわせると なんにんに なりますか。 （しき5てん・こたえ5てん）

しき

こたえ

6 60えんの おかしを かいます。
100えんだまを だすと、おつりは なんえんですか。
（しき5てん・こたえ5てん）

しき

こたえ

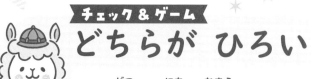

どちらが ひろい

がつ　　にち　　なまえ

👑 ひろさを くらべる ほうほうと ずが あうように
せんで むすぼう。

あ

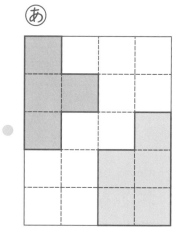

① かさねて
　くらべる

い

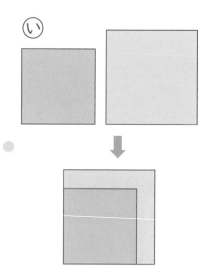

② □ の かずを
ます
　かぞえて
　くらべる

2 □の かずが ７つぶんの かたちを ２つ つくって みよう。

3 かたちを じゆうに つくって、□の かずを かぞえて みよう。

どちらが ひろい

★
1 ひろい ほうに ○を つけましょう。　　（1もん10てん）

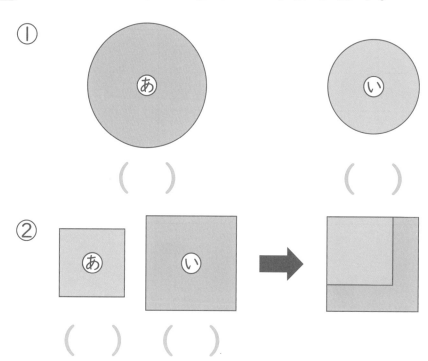

① 　　　あ　　　　　　　　　　　　　　い

　　　　（　　）　　　　　　　　　　（　　）

② 　あ　　　い　➡

　　（　　）　（　　）

★
2 ますを つかって ひろさくらべを します。　（1もん10てん）

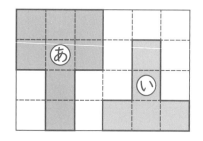

① あは いくつぶんですか。
　　（　　　）ますぶん

② いは いくつぶんですか。
　　（　　　）ますぶん

③ ちがいは いくつぶんですか。
　　（　　　）ますぶん

3 ひろい ほうに ○を つけましょう。

(1もん10てん)

①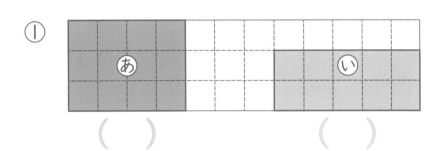

( )　　　　　　( )

②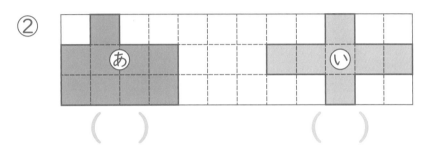

( )　　　　　　( )

③

( )　　　　　　( )

④

( )　　　　　　( )

⑤

( )　　　　　　( )

よそうとくてん…　　　てん

どちらが ひろい

1 ■の ひろさが ひろい ほうに ○を つけましょう。

（1もん10てん）

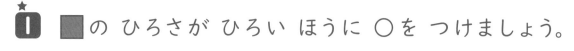

① （　　）　　　　　（　　）

②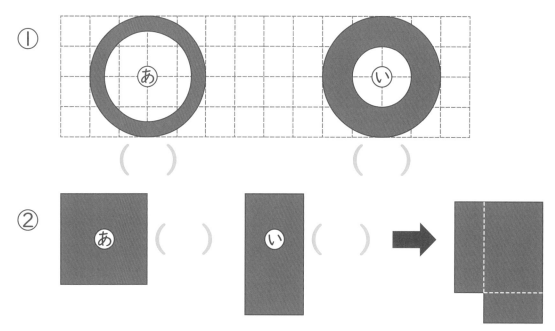

2 ますを つかって ひろさくらべを します。

（1もん10てん）

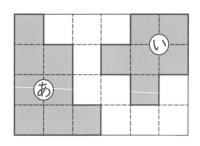

① あは いくつぶんですか。

（　　　　）ますぶん

② いは いくつぶんですか。

（　　　　）ますぶん

③ あと いを おなじ ひろさに するには、どうすれば よいですか。きごうと すうじを かきましょう。

（　　　）から （　　　）に （　　　）ます うつす

3 ひろい ほうに ○を つけましょう。 （1もん10てん）

①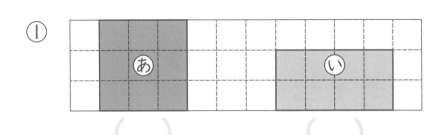

( ) ( )

②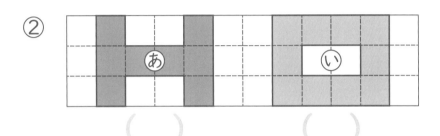

( ) ( )

③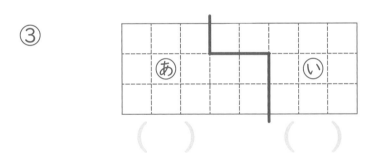

( ) ( )

4 ⓐと ⓘが おなじ ひろさに なるように つづきの
せんを ひきましょう。 （1もん10てん）

① 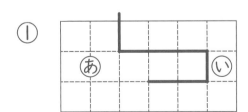 ②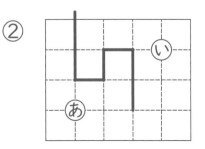

なんじなんぷん

がつ　にち　なまえ

 かがみに うつった とけいだよ。
ただしい じこくに ○を つけよう。

①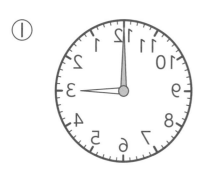

（　　）３じ

（　　）９じ

（　　）１２じ

②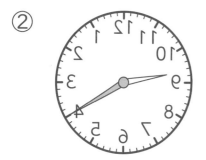

（　　）２じ40ぷん

（　　）９じ40ぷん

（　　）９じ20ぷん

③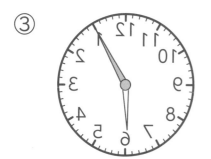

（　　）６じ５ふん

（　　）５じ５ふん

（　　）６じ55ふん

すうじを よ〜く みてね！

とけいが すすむ じゅんに ゴールまで すすもう！

なんじなんぷん

★
1　□の さす ところに ながい はりが くると、
なんぷんですか。　　　　　　　　　　（1もん5てん）

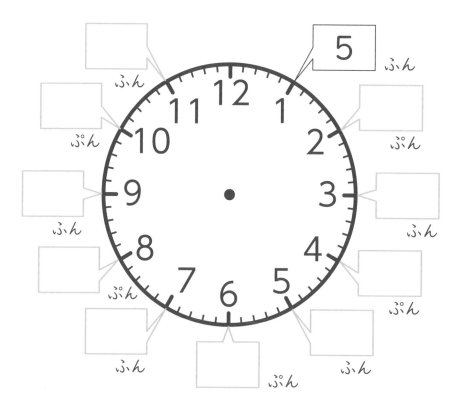

★
2　とけいを よみましょう。　　　　　　（1もん5てん）

①

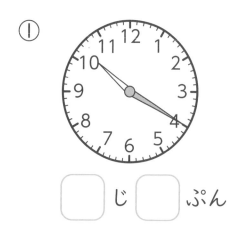

□ じ □ ぷん

②

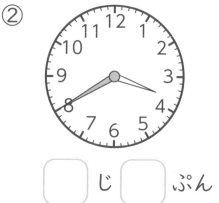

□ じ □ ぷん

114

3 とけいを よみましょう。

（1もん5てん）

①

（　　　　　）

②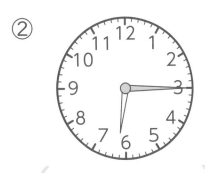

（　　　　　）

③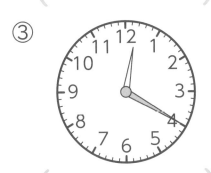

（　　　　　）

④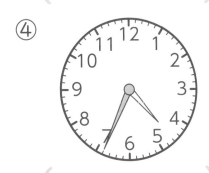

（　　　　　）

⑤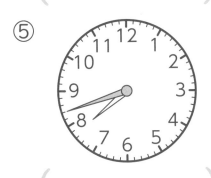

（　　　　　）

⑥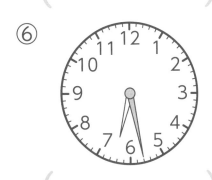

（　　　　　）

⑦

（　　　　　）

⑧

（　　　　　）

よそうとくてん…　　　てん

なんじなんぷん

がつ　にち　なまえ　　　　　　　　　　　　／100てん

★1 なんじですか。せんで むすびましょう。 （1もん5てん）

①　②　③　④

1じ55ふん　9じ15ふん　2じ55ふん　3じ45ふん

★2 とけいを よみましょう。 （1もん5てん）

①（　　　）②（　　　）③（　　　）

④（　　　）⑤（　　　）⑥（　　　）

★3 とけいに ながい はりを かきましょう。 （1もん10てん）

① 2じ50ぷん

② 4じ35ふん

③ 6じ47ふん

★4 ただしい とけいの はりは どちらですか。
〇を つけましょう。 （1もん10てん）

① 9じ30ぷん

（　　） （　　）

② 11じ55ふん

（　　） （　　）

なんじなんぷん

がつ　にち　なまえ

/100てん

よういするもの…ものさし

1 とけいを よみましょう。

（1もん5てん）

① （　　　　　）　② （　　　　　）　③ （　　　　　）

④ （　　　　　）　⑤ （　　　　　）　⑥ （　　　　　）

2 （　）に あてはまる とけいは あ〜うの どれですか。

（（　）1つ10てん）

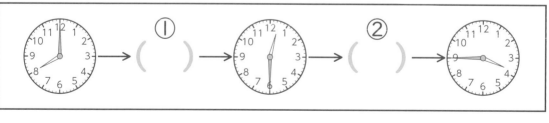

118

3 とけいに ながい はりを かきましょう。　（1もん10てん）

① 3じ45ふん

② 11じ11ぷん

③ 6じ36ぷん

4 ただしい とけいの はりは どちらですか。
〇を つけましょう。　（1もん10てん）

① 1じ57ふん

（　　）　　（　　）

② 3じ30ぷん

（　　）　　（　　）

たすのかな ひくのかな

がつ　にち　なまえ

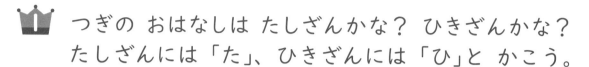

👑 つぎの おはなしは たしざんかな？ ひきざんかな？
たしざんには 「た」、ひきざんには 「ひ」と かこう。

① （　　　）

> とりが 4わ います。4わ とんで きました。
> あわせて なんわに なりましたか。

② （　　　）

> いろがみを、わたしは 5まい、いもうとは
> 8まい もって います。
> どちらが なんまい おおく もって いますか。

③ （　　　）

> おとなが 7にん います。こどもは おとなより
> 3にん おおいそうです。
> こどもは なんにんですか。

④ （　　　）

> わたしは まえから 4ばんめに います。
> わたしの うしろに 3にん います。
> みんなで なんにんですか。

⑤ （　　　）

> みかんが 6こ あります。りんごは みかんより
> 2こ すくないそうです。
> りんごは なんこ ありますか。

で「た」と かいた もんだいを といて、
こたえが ちいさい じゅんに ひらがなを ならべよう。
どんな ことばが でて くるかな？

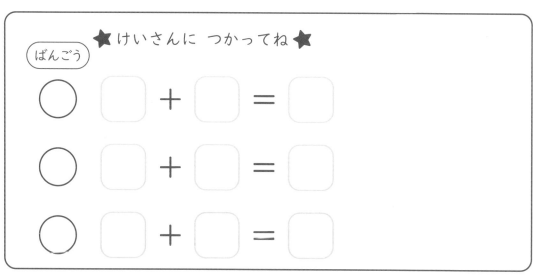

★ けいさんに つかってね ★

ばんごう

◯ ☐ + ☐ = ☐

◯ ☐ + ☐ = ☐

◯ ☐ + ☐ = ☐

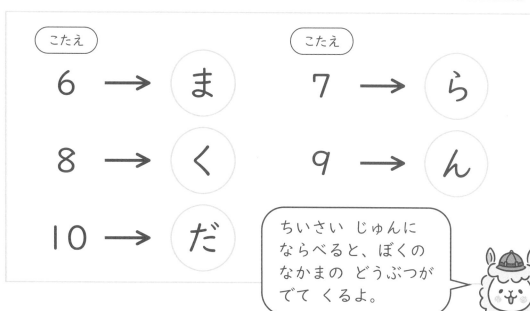

こたえ

6 → ま

8 → く

10 → だ

こたえ

7 → ら

9 → ん

ちいさい じゅんに
ならべると、ぼくの
なかまの どうぶつが
でて くるよ。

こたえ ◯ ◯ ◯

たすのかな ひくのかな

| がつ | にち | なまえ | | /100てん |

1 あかい はなが 8ぽん あります。しろい はなは
あかい はなより 4ほん おおいそうです。

① ただしい ずに ○を つけましょう。 (10てん)

```
あかい はな  ●●●● ●●●●
しろい はな  ○○○○ ⌣4ほん おおい
```

```
あかい はな  ●●●●●●●●      4ほん おおい
しろい はな  ○○○○○○○○ ⌣○○○○⌣
```

② しろい はなは なんぼん ありますか。

(しき10てん・こたえ10てん)

しき

こたえ

122

2 りんごが 10こ あります。
　　みかんは りんごより 6こ おおいそうです。

① ずの（　）に すうじや ことばを かきましょう。

（　）1つ10てん

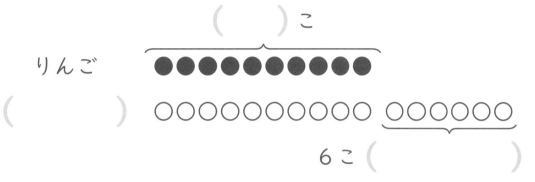

　　　　　　　　　　　（　　　）こ

りんご　　●●●●●●●●●●

（　　　　　）　○○○○○○○○○○ ○○○○○○

　　　　　　　　　　　6こ（　　　　　　）

② みかんは なんこ ありますか。　（しき10てん・こたえ10てん）

　しき

　　　　　　　　　こたえ

3 にんじんが 12ほん あります。
　　きゅうりは にんじんより 5ほん すくないそうです。
　　きゅうりは なんぼん ありますか。　（しき10てん・こたえ10てん）

　しき

　　　　　　　　　こたえ

たすのかな ひくのかな

1 わたしは おりがみを 9まい もって います。いもうとは わたしより 3まい おおく もって いるそうです。
　　いもうとは なんまい もって いますか。　（しき10てん・こたえ10てん）

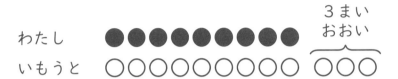

3まい
おおい

わたし　　●●●●●●●●●
いもうと　○○○○○○○○○　○○○

しき

こたえ

2 わたしは えんぴつを 12ほん もって います。
おとうとは わたしより 4ほん すくないそうです。
おとうとは なんぼん もって いますか。　（しき10てん・こたえ10てん）

わたし　　●●●●●●●●●●●●
おとうと　○○○○○○○○○○○○

4ほん すくない

しき

こたえ

3 あかい ふうせんが 8こ あります。あおい ふうせんは
あかい ふうせんより 5こ おおいそうです。
あおい ふうせんは なんこ ありますか。

(しき10てん・こたえ10てん)

しき

こたえ

4 かきが 15こ あります。
りんごは かきよりも 7こ すくないそうです。
りんごは なんこ ありますか。
(しき10てん・こたえ10てん)

しき

こたえ

5 こうえんに おとなが 9にん います。
こどもは おとなより 6にん おおいそうです。
こどもは なんにん いますか。
(しき10てん・こたえ10てん)

しき

こたえ

たすのかな ひくのかな

❶ 12にんが 1れつに ならんで います。
ゆなさんは まえから 5ばんめです。
ゆなさんの うしろには なんにん いますか。

（しき10てん・こたえ10てん）

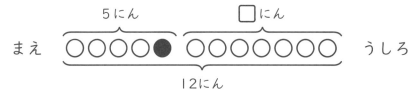

5にん　　　　□にん

まえ　○○○○● ○○○○○○○ うしろ

12にん

しき

こたえ ＿＿＿＿＿＿＿＿＿＿＿

❷ <ruby>バ<rt>ば</rt>ス<rt>す</rt></ruby>ていに ひとが ならんで います。
ようたさんの まえに 3にん います。
ようたさんの うしろには 5にん います。
みんなで なんにん ならんで いますか。

（しき10てん・こたえ10てん）

3にん　　　　5にん

まえ　○○○ ● ○○○○○ うしろ

□にん

しき

こたえ ＿＿＿＿＿＿＿＿＿＿＿

126

3 めだかが 13びき います。きんぎょは めだかより
4ひき すくないそうです。
きんぎょは なんびき いますか。 (しき10てん・こたえ10てん)

しき

こたえ _____

4 みかんが 8こ あります。
いちごは みかんより 3こ おおいそうです。
いちごは なんこ ありますか。 (しき10てん・こたえ10てん)

しき

こたえ _____

5 ももが 7こ あります。
ももは メロンより 3こ おおいそうです。
メロンは なんこ ありますか。 (しき10てん・こたえ10てん)

しき

こたえ _____

かたち（2）

がつ　にち　なまえ

  を つかって かたちを つくったよ。
なんまい つかったのかな？
せんを ひいて しらべて みよう！

①

（ 2 ）まい

②

（　　）まい

③

（　　）まい

④

（　　）まい

👑2 おなじ かたちを かいて みよう！

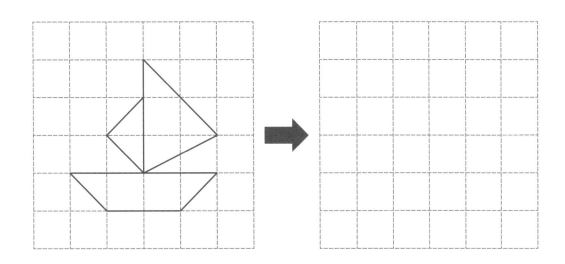

👑3 <ruby>・<rt>てん</rt></ruby>と <ruby>・<rt>てん</rt></ruby>を つないで、すきな かたちを かこう！

かたち（2）

1 おなじ かたちに なるように いろを ぬりましょう。

（1もん10てん）

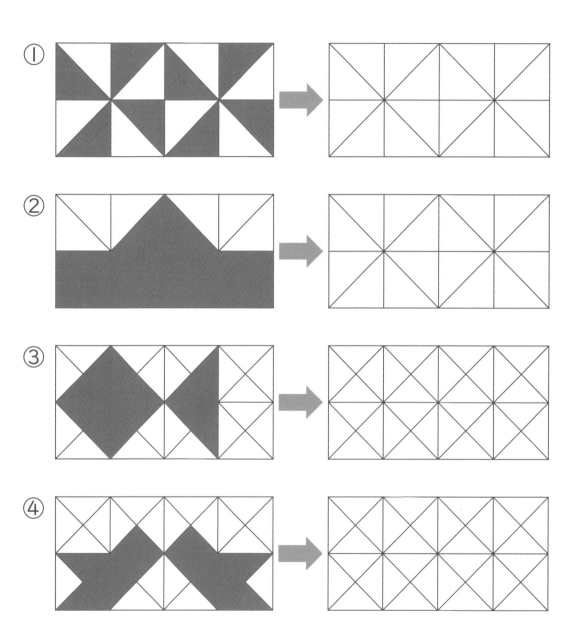

つぎの かたちは ▰ を なんまい つかって いますか。

（1もん10てん）

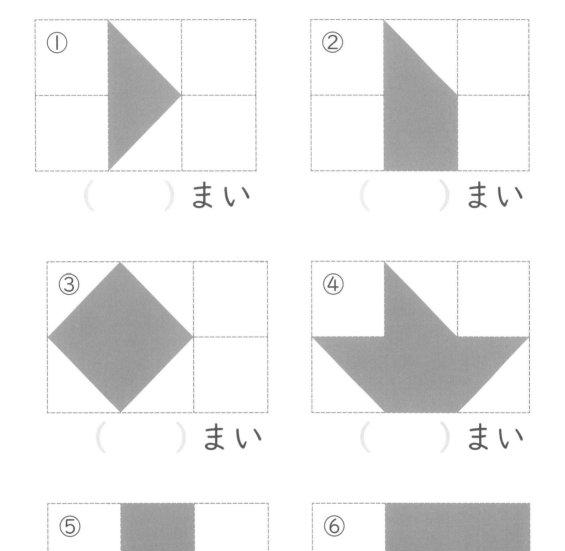

① （　　　）まい

② （　　　）まい

③ （　　　）まい

④ （　　　）まい

⑤ （　　　）まい

⑥ （　　　）まい

がつ　にち　なまえ

1 ぼうを つかって かたちを つくりました。
つかった ぼうは なんぼんですか。

（1もん10てん）

①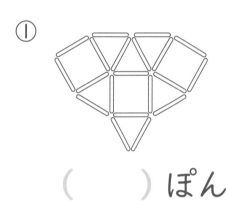

（　　　）ぽん

②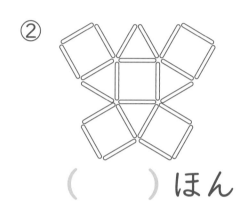

（　　　）ほん

2 ぼうを とって かたちを かえます。
〈れい〉のように、とった ぼうに ○を つけましょう。

（1もん10てん）

〈れい〉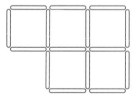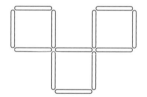

①

②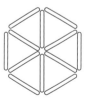

3 つぎの かたちは 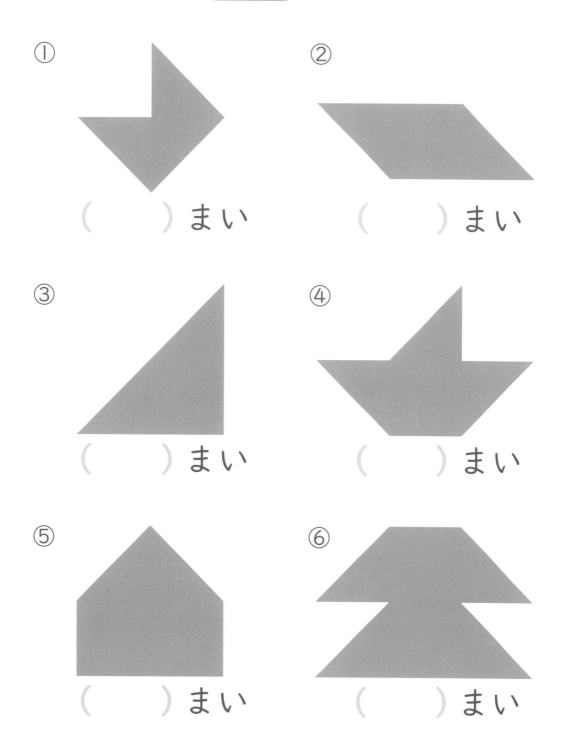 を なんまい つかって いますか。

（1もん10てん）

① （　　　）まい

② （　　　）まい

③ （　　　）まい

④ （　　　）まい

⑤ （　　　）まい

⑥ （　　　）まい

さんすう★あそびページ ①

👑 みんなで 1ねんせいの べんきょうの ふくしゅうを して いるよ。でも、あれれ？ この こくばん ちょっと へんだなあ！

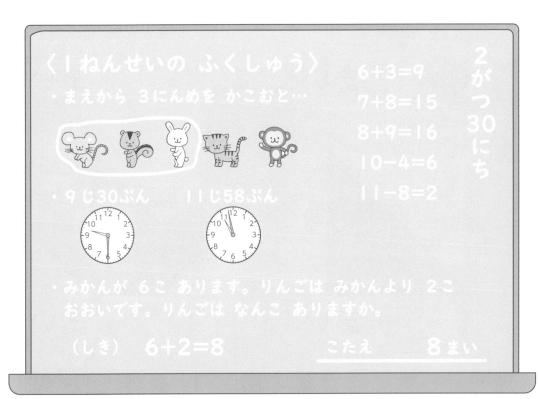

〈1ねんせいの ふくしゅう〉

・まえから 3にんめを かこむと…

・9じ30ぷん　　11じ58ぷん

・みかんが 6こ あります。りんごは みかんより 2こ おおいです。りんごは なんこ ありますか。

（しき）　6+2=8　　　　　こたえ　　8まい

6+3=9
7+8=15
8+9=16
10-4=6
11-8=2

2がつ30にち

この こくばんには、まちがいが 6こ あるよ。みつけて、まちがいを なおそう！

 すうじが、ある「きまり」で ならんで いるよ。
□ に あてはまる すうじは なにかな？

① 1 — 2 — 3 — 4 — 5 — □

② 2 — 4 — 6 — 8 — □ — 12

③ 3 — 6 — □ — 12 — 15 — 18

④ 1 — 2 — 4 — □ — 16 — 32

⑤ 1 — 2 — 4 — □ — 11 — 16

①、②、③、⑤は、いくつずつ ふえて いるかが ポイントだよ！
④は となりの すうじとの かんけいに ちゅういしよう！

さんすう★あそびページ ②

がつ　　にち　　なまえ

👑 けいさんして、こたえが ちいさい じゅんに
なるように ひらがなを ならべよう。
どんな ことばが でて くるかな？

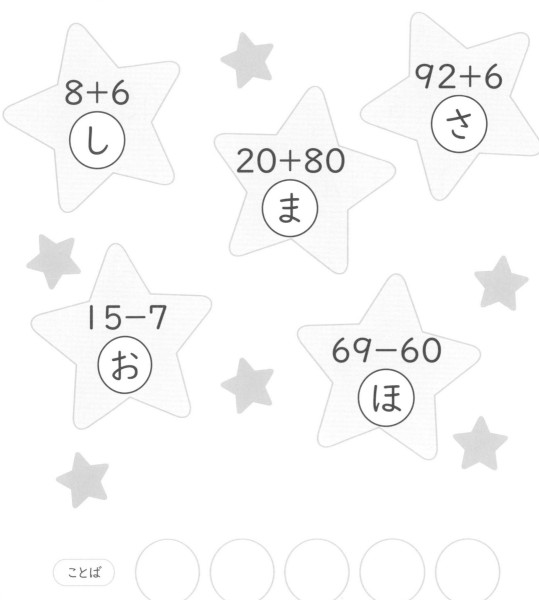

8+6
し

20+80
ま

92+6
さ

15−7
お

69−60
ほ

ことば ◯ ◯ ◯ ◯ ◯

👑2 したの カギ（ヒント）を てがかりに、
クロスワードを かんせいさせよう！

	①	②		③			
④							
⑤							

ひらがなで
かいてね。

🔑 たての カギ

② 15−6の こたえは？

③ 60＋40の こたえは？

④ 1じかん たつと なんじ？

🔑 よこの カギ

① 5＋3＝8の 8は「こたえ」。
5＋3は なに？

③ のこりや ちがいを もとめる けいさんは
なにざん？

⑤ 15の 5は 一（いち）の くらい。1は？

1ねんせいの まとめ ①

★1 いくつと いくつですか。 （1もん5てん）

①	7
4	

②	8
2	

③	9
	4

④	10
	3

★2 〇で かこみましょう。 （1もん5てん）

〈まえ〉　　　　　　　　　　　　　　〈うしろ〉

① まえから 3だい

② うしろから 4だいめ

★3 けいさんを しましょう。 （1もん5てん）

① 3+2　　　② 6+2

③ 5+4　　　④ 3+4

⑤ 8-3　　　⑥ 6-3

⑦ 7-0　　　⑧ 10-4

4 しろい うまが 6とう、くろい うまが 3とう います。
うまは ぜんぶで なんとうですか。 （しき5てん・こたえ5てん）

しき

こたえ

5 みかんが 5こ、りんごが 8こ あります。
どちらが なんこ おおいですか。 （しき5てん・こたえ5てん）

しき

こたえ

6 ながい じゅんに きごうを かきましょう。 （10てん）

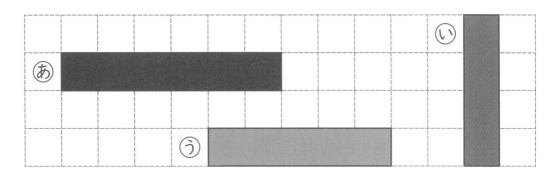

（　　　）→（　　　）→（　　　）

1ねんせいの まとめ ②

1 くだものの かずだけ いろを ぬりました。 （1もん5てん）

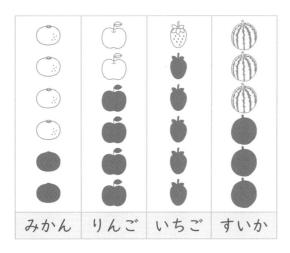

| みかん | りんご | いちご | すいか |

① いちばん おおい
くだものは なんですか。
（　　　　　　　）

② すいかの かずは
いくつですか。
（　　　　　　　）

2 どちらが よく ころがりますか。
よく ころがる ほうに ○を つけましょう。 （1もん5てん）

① あ　　　　（　　）　　い　　　　（　　）

② あ　　　　（　　）　　い　　　　（　　）

3 おおい ほうに ○を つけましょう。 （1もん5てん）

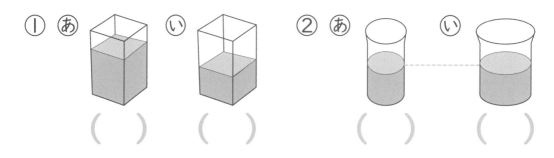

① あ　　い　　　　② あ　　い

（　　）　　（　　）　　（　　）　　（　　）

4 けいさんを しましょう。 （1もん5てん）

① 15＋4　　　② 14＋3

③ 19－5　　　④ 18－7

⑤ 6＋4＋2　　⑥ 12－2－6

⑦ 8＋6　　　⑧ 9＋9

⑨ 15－8　　　⑩ 13－7

5 あかい はなが 6ぽん あります。しろい はなは
あかい はなより 5ほん おおいそうです。
　しろい はなは なんぼん ありますか。 （しき5てん・こたえ5てん）

しき

こたえ

6 とけいを よみましょう。 （1もん5てん）

①

（　　　　　　）

②

（　　　　　　）

1 （　）に あてはまる かずを かきましょう。 （（ ）1つ5てん）

① 74は 10が （　）こと 1が （　）こ

② 10が 10こで （　　）

③ 100─（　）─98─97─96

2 けいさんを しましょう。 （1もん5てん）

① 63＋6　　　② 30＋8

③ 30＋70　　④ 28−5

⑤ 88−8　　　⑥ 100−50

3 ひろい ほうに ○を つけましょう。 （1もん5てん）

①

（　）　　　　　（　）

②

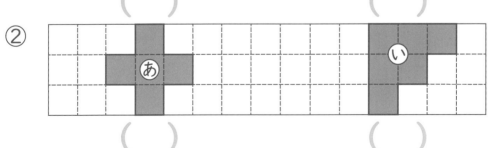

（　）　　　　　（　）

4 とけいを よみましょう。

①

②

(　　　　)　　　　　　(　　　　)

5 きんぎょが 12ひき います。めだかは きんぎょより
5ひき すくないそうです。めだかは なんびき いますか。

しき

こたえ

6 わたしは どんぐりを 7こ ひろいました。
いもうとは わたしより 4こ おおく ひろいました。
いもうとは なんこ ひろいましたか。　

しき

こたえ

7 つぎの かたちは ◣ を いくつ つかって いますか。

①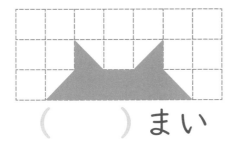

(　　　) まい

②

(　　　) まい

よそうとくてん…　　　　てん

学力の基礎をきたえどの子も伸ばす研究会

常任委員長　岸本ひとみ

HPアドレス　http://gakuryoku.info/

事務局　〒675-0032　加古川市加古川町備後178-1-2-102　岸本ひとみ方　☎・Fax 0794-26-5133

① めざすもの

　私たちは、すべての子どもたちが、日本国憲法と子どもの権利条約の精神に基づき、確かな学力の形成を通して豊かな人格の発達が保障され、民主平和の日本の主権者として成長することを願っています。しかし、発達の基盤ともいうべき学力の基礎を鍛えられないまま落ちこぼれている子どもたちが普遍化し、「荒れ」の情況があちこちで出てきています。

　私たちは、「見える学力、見えない学力」を共に養うこと、すなわち、基礎の学習をやり遂げさせることと、読書やいろいろな体験を積むことを通して、子どもたちが「自信と誇りとやる気」を持てるようになると考えています。

　私たちは、人格の発達が歪められている情況の中で、それを克服し、子どもたちが豊かに成長するような実践に挑戦します。

　そのために、つぎのような研究と活動を進めていきます。

　　① 「読み・書き・計算」を基軸とした学力の基礎をきたえる実践の創造と普及。
　　② 豊かで確かな学力づくりと子どもを励ます指導と評価の探究。
　　③ 特別な力量や経験がなくても、その気になれば「いつでも・どこでも・だれでも」ができる実践の普及。
　　④ 子どもの発達を軸とした父母・国民・他の民間教育団体との協力、共同。

　私たちの実践が、大多数の教職員や父母・国民の方々に支持され、大きな教育運動になるよう地道な努力を継続していきます。

② 会　　員

・本会の「めざすもの」を認め、会費を納入する人は、会員になることができる。
・会費は、年4000円とし、7月末までに納入すること。①または②

> ①郵便振替　口座番号　00920-9-319769
> 　名　称　学力の基礎をきたえどの子も伸ばす研究会

> ②ゆうちょ銀行
> 　店番099　店名〇九九店　当座0319769

・特典　研究会をする場合、講師派遣の補助を受けることができる。
　　　　大会参加費の割引を受けることができる。
　　　　学力研ニュース、研究会などの案内を無料で送付してもらうことができる。
　　　　自分の実践を学力研ニュースなどに発表することができる。
　　　　研究の部会を作り、会場費などの補助を受けることができる。
　　　　地域サークルを作り、会場費の補助を受けることができる。

③ 活　　動

　全国家庭塾連絡会と協力して以下の活動を行う。

・全 国 大 会　全国の研究、実践の交流、深化をはかる場とし、年1回開催する。通常、夏に行う。
・地域別集会　地域の研究、実践の交流、深化をはかる場とし、年1回開催する。
・合宿研究会　研究、実践をさらに深化するために行う。
・地域サークル　日常の研究、実践の交流、深化の場であり、本会の基本活動である。
　　　　　　　　可能な限り月1回の月例会を行う。
・全国キャラバン　地域の要請に基づいて講師派遣をする。

全 国 家 庭 塾 連 絡 会

① めざすもの

　私たちは、日本国憲法と教育基本法の精神に基づき、すべての子どもたちが確かな学力と豊かな人格を身につけて、わが国の主権者として成長することを願っています。しかし、わが子も含めて、能力があるにもかかわらず、必要な学力が身につかないままになっている子どもたちがたくさんいることに心を痛めています。

　私たちは学力研が追究している教育活動に学びながら、「全国家庭塾連絡会」を結成しました。

　この会は、わが子に家庭学習の習慣化を促すことを主な活動内容とする家庭塾運動の交流と普及を目的としています。

　私たちの試みが、多くの父母や教職員、市民の方々に支持され、地域に根ざした大きな運動になるよう学力研と連携しながら努力を継続していきます。

② 会　　員

　本会の「めざすもの」を認め、会費を納入する人は会員になれる。
　会費は年額1500円とし（団体加入は年額3000円）、8月末までに納入する。
　会員は会報や連絡交流会の案内、学力研集会の情報などをもらえる。

> 事務局　〒564-0041　大阪府吹田市泉町4-29-13　影浦邦子方　☎・Fax 06-6380-0420
> 郵便振替　口座番号　00900-1-109969　　名称　全国家庭塾連絡会

テスト式！点数アップドリル 算数 小学１年生

2024年7月10日　第1刷発行
●著者／金井　敬之

●発行者／面屋　洋
●発行所／清風堂書店
　〒530-0057　大阪市北区曽根崎2-11-16
　TEL／06-6316-1460

●印刷／尼崎印刷株式会社
●製本／株式会社高廣製本
●デザイン／美濃企画株式会社
●制作担当編集／青木　圭子
●企画／フォーラム・A
●HP／http://www.seifudo.co.jp/

※乱丁・落丁本は、お取り替えいたします。

＊本書は、2022年1月にフォーラム・Aから刊行したものを改訂しました。

点数アップドリル　算数

1ねんせい
こたえ

ピィすけの
アドバイスつき！

チェック & ゲーム かずと すうじ

 🍈 … 2こ 🍌 … 4ほん

🍎 … 10こ 🍓 … 7こ

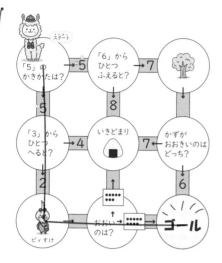

p.8-9 **かずと すうじ** 🌸🌼（やさしい）

1 ① 2こ ② 3ぼん ③ 1だい ④ 4さつ

2

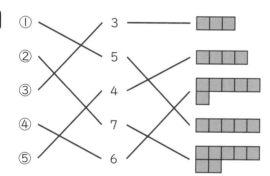

3 ① 4 ② 6 ③ 3 ④ 7 ⑤ 2

4
① 1—2—3—4—5—6—7—
② —3—4—5—6—7—8—9—
③ 0—1—2—3—4—5—6
　 —7—8—9—10—

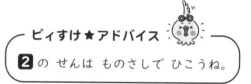

ピィすけ★アドバイス

2 の せんは ものさしで ひこうね。

p.10-11 **かずと すうじ** **（ちょいムズ）**

1 ① 7こ ② 8こ ③ 5ほん ④ 9こ

2 ① ② ③

④ ⑤ ⑥

3 ① 3、1、2 ② 1、3、2
③ 2、3、1 ④ 2、1、3

4 ① −3−4−5−6−7−8−9−
② −8−7−6−5−4−3−2−
③ −10−9−8−7−6−5−4
−3−2−1

┌─ **ピィすけ★アドバイス** ──────
│ **2** の いろぬりは、そとがわの せんを こく かいて
│ なかを うすく ぬると いいよ。
│ **4** の ②、③は かずが ちいさく なって いるよ。
└────────────────────

p.12-13 **チェック＆ゲーム** いくつと いくつ

 りす …… 1こ きつね … 3こ
たぬき … 2こ うさぎ … 4こ

 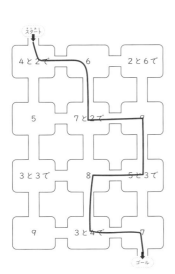

p. 14-15 **いくつと いくつ** 🌸🌼 （やさしい）

1
① 2	② 4	③ 5
④ 3	⑤ 4	⑥ 3
⑦ 2	⑧ 3	⑨ 4
⑩ 2	⑪ 9	⑫ 3

2
① 6と 3で 9
② 5と 2で 7
③ 3と 4で 7
④ 4と 4で 8

3
① 6と 4で 10
② 7と 3で 10
③ 5と 5で 10
④ 8と 2で 10

p. 16-17 **いくつと いくつ** 🌼🌸 （ちょいムズ）

1
① 2	② 3	③ 2	④ 3
⑤ 2	⑥ 4	⑦ 2	⑧ 5
⑨ 5	⑩ 3	⑪ 7	⑫ 1
⑬ 8	⑭ 7	⑮ 5	

2
① 2と 4で 6	② 8と 1で 9
③ 3と 5で 8	④ 2と 3で 5
⑤ 4と 4で 8	⑥ 5と 4で 9
⑦ 6と 3で 9	⑧ 2と 6で 8
⑨ 7と 2で 9	⑩ 4と 3で 7

3
① 7と 3で 10	② 5と 5で 10
③ 4と 6で 10	④ 2と 8で 10
⑤ 9と 1で 10	⑥ 3と 7で 10
⑦ 1と 9で 10	⑧ 8と 2で 10
⑨ 4と 6で 10	⑩ 5と 5で 10

チェック＆ゲーム なんばんめ

 ⑤

ね	っ	ゆ	れ	お
ん	お	ん	び	す
ゆ	ね	う	っ	わ
ね	び	く	か	す
か	お	れ	わ	ん

おたから … ③

p. 20-21 **なんばんめ** 🐾○○（やさしい）

1
①
②
③
④
⑤
⑥

2
① きりんは うえから 2ばんめで したから 4ばんめです。
② ぞうは うえから 3ばんめで したから 3ばんめです。
③ さるは うえから 5ばんめで したから 1ばんめです。
④ ねこは うえから 4ばんめで したから 2ばんめです。
　 ※〜〜の こたえが ぎゃくでも せいかいです。

なんばんめ ❀ 🐾 ❀ （まあまあ）

1 ①

②

③

④

⑤

⑥

⑦

2 ①

（うしろ）（まえ）

② 6ばんめ

③ 5にん

3 みぎから 2ばんめ、ひだりから 4ばんめ

なんばんめ ❀ ❀ 🐾 （ちょいムズ）

1 ①

②

③

④

⑤

2 まえから 4ばんめ、うしろから 5ばんめ

3 ① まえから 3にんめ

② うしろから 3にん

4 ⑦

━ **ピィすけ★アドバイス** ━

3 は「め」が つくか どうかが ポイントだよ。

「3にんめ」は ひとりだけの ことを いって いるね。

チェック＆ゲーム　10までの たしざん

　1　4 + 6 = 10

　　　3 + 2 = 5

　　　1 + 7 = 8

　　　4 + 0 = 4

　　ことば … ともだち

　2　きつねさん

　10までの たしざん 　（やさしい）

1　① 3 + 3 = 6　　② 5 + 5 = 10

　　③ 1 + 8 = 9　　④ 7 + 3 = 10

　　⑤ 4 + 2 = 6　　⑥ 6 + 0 = 6

　　⑦ 2 + 5 = 7　　⑧ 9 + 0 = 9

2　

3　しき　6 + 2 = 8　　こたえ　8こ

4　しき　6 + 3 = 9　　こたえ　9まい

5　しき　5 + 4 = 9　　こたえ　9にん

　10までの たしざん 　（ちょいムズ）

1　① 5 + 3 = 8　　② 1 + 6 = 7

　　③ 8 + 2 = 10　　④ 3 + 7 = 10

　　⑤ 3 + 4 = 7　　⑥ 7 + 0 = 7

　　⑦ 2 + 6 = 8　　⑧ 4 + 5 = 9

2　1 + 6 = 7

　　2 + 5 = 7

　　3 + 4 = 7

　　4 + 3 = 7　※じゅんばんが ちがって いても せいかいです。

3 しき 3＋5＝8 　こたえ 8ぽん

4 しき 4＋3＝7 　こたえ 7だい

5 しき 4＋6＝10 　こたえ 10まい

6 とりが 4わ います。1わ とんで きました。
ぜんぶで、なんわに なりましたか。

※「ぜんぶで」は「あわせて」や「みんなで」でも せいかいです。

p.32-33 **チェック＆ゲーム** **10までの ひきざん**

 　10－6＝4
　　　3－1＝2
　　　9－6＝3
　　　8－3＝5

　　　ことば … ひきざん

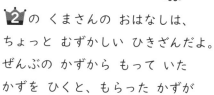
ピィすけ★アドバイス
の くまさんの おはなしは、
ちょっと むずかしい ひきざんだよ。
ぜんぶの かずから もって いた
かずを ひくと、もらった かずが
わかるんだ。

 　さるさん

p.34-35 **10までの ひきざん** （やさしい）

1 ① 7－4＝3 　　② 3－2＝1
　　③ 6－6＝0 　　④ 4－1＝3
　　⑤ 9－5＝4 　　⑥ 5－0＝5
　　⑦ 8－3＝5 　　⑧ 10－9＝1

2

① ─── あ
② ─── い
③ ─── う

3 しき 8－7＝1 　こたえ 1こ

4 しき 6－4＝2 　こたえ 2だい

5 しき 10－3＝7 　こたえ 7こ

10までの ひきざん 🌼🐾 （ちょいムズ）

1 ① 5 − 2 = 3   ② 8 − 3 = 5
　　③ 4 − 0 = 4   ④ 9 − 6 = 3
　　⑤ 7 − 5 = 2   ⑥ 10 − 2 = 8
　　⑦ 6 − 4 = 2   ⑧ 3 − 3 = 0

2 　10 − 4 = 6
　　　9 − 3 = 6
　　　8 − 2 = 6
　　　7 − 1 = 6　※じゅんばんが ちがって いても せいかいです。

3 　しき　10 − 4 = 6　　こたえ　6こ

4 　しき　8 − 3 = 5　　こたえ　5わ

5 　しき　9 − 7 = 2　　こたえ　いぬが 2ひき おおい

6 　メロンが 7こ あります。すいかは 2こ あります。
　　ちがいは 5こです。

チェック＆ゲーム　**どちらが ながい**

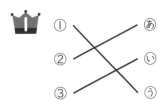

2 　ぷりん あらも おど（プリンアラモード）

どちらが ながい 🐾🌼 （やさしい）

1 ① ⓘ　　　　② ⓐ

2 ① たて　　　② でんしんばしらの まわり

3 ① 3こぶん
　　② 7こぶん
　　③ 5こぶん
　　④ 6こぶん

4 ① 5こぶん　　　② 7こぶん

p. 42-43 **どちらが ながい** ✿ 🐾 （ちょいムズ）

1 ① ⓘ　　　② ⓐ

2 ⓘ → ⓤ → ⓐ

3 ① たて
　　② クレヨン

4 ① ⓐ　2こぶん
　　　ⓘ　6こぶん
　　　ⓤ　5こぶん
　　　ⓔ　7こぶん
　　② ⓤが　3こぶん　ながい

p. 44-45 ▶**チェック＆ゲーム** **かずしらべ**

👑1 ① 5ひき
　　② さる

👑2 ① いぬ
　　② ねずみ

p. 46-47 **かずしらべ** 🐾 ✿ （やさしい）

◆ ①

　　② えんぴつ　　4ほん
　　　けしゴム　　3こ
　　　ペン　　　　2ほん
　　③ えんぴつ
　　④ ペン
　　⑤ えんぴつが　2ほん　おおい

かずしらべ （ちょいムズ）

◆ ①

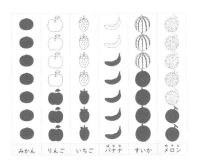

みかん　りんご　いちご　バナナ　すいか　メロン

② みかん

③ メロン

④ 5ほん

⑤ りんごと いちご　※じゅんばんが ちがって いても せいかいです。

⑥ バナナ

⑦ すいかが 2こ おおい

チェック＆ゲーム 10より おおきい かず

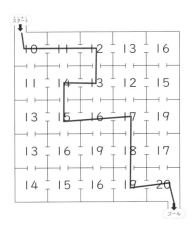

① 2

② 15

③ 12

1	3	10	1	5	10	4	3	1
10	2	15	12	3	4	2	5	12
11	13	5	2	5	3	15	4	15
5	2	15	12	15	1	10	11	2
13	14	10	1	3	4	5	2	12

ユリ（ゆり）　・　バラ（ばら）　・　ウメ（うめ）

11

10より おおきい かず 🌸◌◌ （やさしい）

1 ① 19 ② 15 ③ 14 ④ 20

2 ① 18 ② 13
③ 12 ④ 17

3 ① -15—16—17—18-
② -20—19—18—17-

4 ① 10と 4で 14
② 10と 7で 17
③ 18は 10と 8
④ 20は 10と 10

5 ① 13＋2＝15 ② 15＋4＝19
③ 14－3＝11 ④ 16－6＝10

10より おおきい かず ◌🌸◌ （まあまあ）

1 ①  ② ③  ④

2 ① 10と 6で 16
② 10と 10で 20
③ 17は 10と 7
④ 15は 10と 5

3 ① 12＋5＝17 ② 14＋2＝16
③ 16＋3＝19 ④ 11＋7＝18
⑤ 18－4＝14 ⑥ 15－2＝13
⑦ 17－5＝12 ⑧ 19－3＝16

4 しき 15－4＝11 　こたえ 11こ

5 しき 13＋4＝17 　こたえ 17にん

p. 56-57 **10より おおきい かず** 🌸🌸🐾 （ちょいムズ）

1
① 13 + 6 = 19　② 12 + 5 = 17
③ 11 + 8 = 19　④ 14 + 4 = 18
⑤ 10 + 10 = 20　⑥ 19 − 7 = 12
⑦ 15 − 1 = 14　⑧ 18 − 3 = 15
⑨ 16 − 2 = 14　⑩ 17 − 5 = 12

2
① 15 − 4 = 11　② 14 − 3 = 11
③ 13 − 2 = 11　④ 12 − 1 = 11
※じゅんばんが ちがって いても せいかいです。

3 しき　17 − 4 = 13　　こたえ　13にん

4 しき　19 − 4 = 15　　こたえ　みかんが 15こ おおい

5 しき　12 + 4 = 16　　こたえ　16こ

p. 58-59 **チェック＆ゲーム** **なんじ なんじはん**

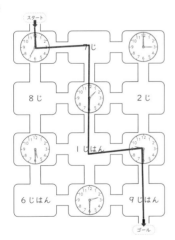

 ただしいのは くまさん

p. 60-61 **なんじ なんじはん** 🐾🌸 （やさしい）

1
① 9じ　② 4じ
③ 6じ　④ 8じはん
⑤ 11じはん　⑥ 3じはん

13

2 ① 　②

3　（じゅんばんに）　6、10、9、はん

---

p.62-63　**なんじ なんじはん** （ちょいムズ）

1　① 　② 　③

　　④ 　⑤ 　⑥

2　① 　② 　③

3　① ⃝ い　　② ⃝ う　　③ ⃝ あ

4　① ⃝ い　　② ⃝ い

5　9

> **ピィすけ★アドバイス**
>
> **2** は みじかい はりに ちゅうい！
> ②は 3と 4の あいだ、③は 10と
> 11の あいだだよ。

---

p.64-65　**チェック＆ゲーム**　**3つの かずの けいさん**

　① （じゅんばんに）　1、3、2
　　② 10−5＋3＝8　　こたえ　8こ

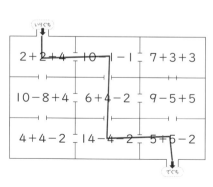

とおった へやの かず … 5

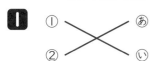

p. 66-67　**3つの かずの けいさん** 🌸🌼（やさしい）

1　①　——╲　╱—— ⓐ
　　②　——╱　╲—— ⓘ

2　①　6＋4＋2＝12　　②　2＋5＋3＝10
　　③　7＋3－5＝5　　　④　9＋1－4＝6
　　⑤　6－2＋3＝7　　　⑥　12－2＋6＝16
　　⑦　4＋5－2＝7　　　⑧　10－8＋5＝7
　　⑨　18－8－6＝4　　⑩　10－5－3＝2

3　しき　10－2－4＝4　　こたえ　4まい

4　しき　4＋6＋3＝13　　こたえ　13にん

5　しき　7＋3－4＝6　　こたえ　6わ

p. 68-69　**3つの かずの けいさん** 🌼🌸（ちょいムズ）

1　①　7＋3＋6＝16　　②　4＋2＋3＝9
　　③　5＋5－2＝8　　　④　1＋9－6＝4
　　⑤　13－3＋4＝14　　⑥　8－6＋3＝5
　　⑦　10－7－2＝1　　⑧　14－4－6＝4
　　⑨　15＋4－9＝10　　⑩　11＋6－7＝10

2　①　3
　　②　7

3　しき　10－3－3＝4　　こたえ　4こ

4　しき　14－4＋3＝13　　こたえ　13にん

5　すずめが 8わ いました。
　　3わ とんで いきました。
　　その あと 2わ とんで きました。

チェック & ゲーム どちらが おおい

① ╲   ╱ ㋐
② ╲ ╱ ㋑
③ ╱ ╲ ㋒

① ╲ ㋐
② ╳ ㋑
③ ─── ㋒

p. 72-73　**どちらが おおい** 🌸🌼（やさしい）

1　① ㋐　　　② ㋐
　　③ ㋑　　　④ ㋐
　　⑤ ㋐

2　① ㋐　　　② ㋐

3　① 3 ばいぶん
　　② 2 はいぶん
　　③ ㋑ → ㋒ → ㋐

p. 74-75　**どちらが おおい** 🌼🌸（ちょいムズ）

1　① ㋐　　　② ㋑
　　③ ㋐　　　④ ㋑

2　（うえから じゅんばんに） 1、3、2

3　① ㋐
　　② ㋑の ビン
　　③ ㋐の コップ
　　④ あおい すいとう
　　⑤ あかい やかん

チェック&ゲーム くりあがりの ある たしざん

 こたえ　① 13　② 18　③ 11　④ 14　⑤ 16
ことば　かきごおり

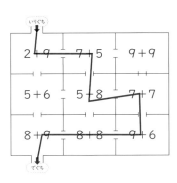

とおった へやの かず … 7

p. 78-79　**くりあがりの ある たしざん** 🌸☁☁ （やさしい）

1　① 6 + 7 = 13　② 8 + 5 = 13
　③ 9 + 3 = 12　④ 4 + 7 = 11
　⑤ 8 + 6 = 14　⑥ 6 + 5 = 11
　⑦ 7 + 7 = 14　⑧ 9 + 8 = 17
　⑨ 5 + 8 = 13　⑩ 7 + 6 = 13
　⑪ 2 + 9 = 11　⑫ 3 + 8 = 11

2　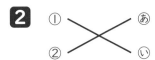

3　しき　8 + 4 = 12　こたえ　12にん

4　しき　7 + 9 = 16　こたえ　16ぽん

5　しき　9 + 4 = 13　こたえ　13わ

p. 80-81　**くりあがりの ある たしざん** ☁🌸☁ （まあまあ）

1　① 9 + 6 = 15　② 8 + 4 = 12
　③ 5 + 9 = 14　④ 7 + 9 = 16
　⑤ 9 + 9 = 18　⑥ 5 + 6 = 11
　⑦ 7 + 8 = 15　⑧ 8 + 8 = 16
　⑨ 4 + 9 = 13　⑩ 6 + 9 = 15
　⑪ 8 + 7 = 15　⑫ 9 + 5 = 14

2 8＋9　　　 9＋8　　　　※じゅんばんが ちがって いても せいかいです。

3 しき　3＋8＝11　　こたえ　11だい

4 しき　7＋7＝14　　こたえ　14まい

5 しき　9＋7＝16　　こたえ　16こ

p.82-83　**くりあがりの ある たしざん** ◯ ◯ 🐾 （ちょいムズ）

1　① 9＋2＝11　　② 8＋8＝16
　　③ 6＋6＝12　　④ 6＋8＝14
　　⑤ 7＋5＝12　　⑥ 9＋4＝13
　　⑦ 9＋7＝16　　⑧ 8＋9＝17
　　⑨ 8＋3＝11　　⑩ 9＋9＝18

2　6＋9＝15　　　 7＋8＝15
　　8＋7＝15　　　 9＋6＝15
　　※じゅんばんが ちがって いても せいかいです。

3 しき　6＋5＝11　　こたえ　11こ

4 しき　9＋3＝12　　こたえ　12こ

5　〈れい〉きゅうりが、きのう 8ぽん、
　　　　きょう 4ほん とれました。
　　　　あわせて なんぼん とれましたか。

p.84-85　**チェック＆ゲーム**　**かたち（1）**

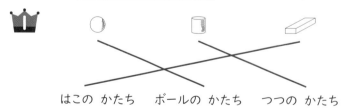

　　はこの かたち　　ボールの かたち　　つつの かたち

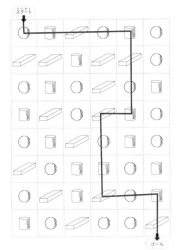

p. 86-87 **かたち（１）** 🐾🌸 （やさしい）

1 ① ⓐ、ⓔ　　② ⓘ、ⓞ　　③ ⓤ、ⓚ
※じゅんばんが ちがって いても せいかいです。

2 ① ⓐ
　　② ⓘ

3 ① ２こ　　② ７こ　　③ ３こ

p. 88-89 **かたち（１）** 🌸🐾 （ちょいムズ）

1 ① ⓘ　　② ⓐ
　　③ ✕　　④ ⓘ
　　⑤ ⓤ　　⑥ ✕
　　⑦ ⓐ　　⑧ ⓤ

2 ⓐ ①
　　ⓘ ③

3 ① ５こ　　② １１こ

p. 90-91 **チェック＆ゲーム**　くりさがりの ある ひきざん

 こたえ　① 3　　② 7　　③ 6　　④ 4　　⑤ 2

　　ことば　ゆうえんち

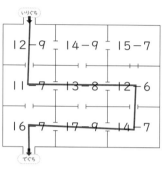

とおった へやの かず…7

p. 92-93 **くりさがりの ある ひきざん** （やさしい）

1
① 13 − 6 = 7		② 12 − 7 = 5	
③ 11 − 2 = 9		④ 14 − 8 = 6	
⑤ 15 − 6 = 9		⑥ 11 − 5 = 6	
⑦ 12 − 4 = 8		⑧ 13 − 8 = 5	
⑨ 11 − 8 = 3		⑩ 16 − 7 = 9	
⑪ 14 − 5 = 9		⑫ 12 − 9 = 3	

2　① ✕ ②　あ　い

3　しき　12 − 5 = 7　　こたえ　7こ

4　しき　11 − 3 = 8　　こたえ　ひよこが 8わ おおい

5　しき　16 − 8 = 8　　こたえ　8にん

p. 94-95 **くりさがりの ある ひきざん** ○ ✿ ○ （まあまあ）

1
① 15 − 7 = 8 　　② 15 − 9 = 6
③ 13 − 4 = 9 　　④ 11 − 3 = 8
⑤ 12 − 5 = 7 　　⑥ 11 − 6 = 5
⑦ 17 − 9 = 8 　　⑧ 16 − 8 = 8
⑨ 13 − 7 = 6 　　⑩ 13 − 5 = 8
⑪ 14 − 9 = 5 　　⑫ 12 − 8 = 4

2
① 15 − 8 = 7
② 14 − 6 = 8

3 　しき　15 − 6 = 9 　　こたえ　9にん

4 　しき　12 − 7 = 5 　　こたえ　5こ

5 　しき　11 − 2 = 9 　　こたえ　9こ

p. 96-97 **くりさがりの ある ひきざん** ○ ○ ✿ （ちょいムズ）

1
① 14 − 6 = 8 　　② 18 − 9 = 9
③ 11 − 4 = 7 　　④ 15 − 7 = 8
⑤ 12 − 6 = 6 　　⑥ 16 − 9 = 7
⑦ 11 − 9 = 2 　　⑧ 14 − 7 = 7
⑨ 17 − 8 = 9 　　⑩ 12 − 3 = 9
⑪ 13 − 9 = 4 　　⑫ 15 − 8 = 7

2
① 11 − 6 = 5
② 17 − 9 = 8

3

4 　しき　15 − 6 = 9 　　こたえ　9こ

5 　〈れい〉 ねこが 12ひき います。いぬが 8ぴき います。
　　　　どちらが なんびき おおいですか。

21

p. 98-99 **チェック&ゲーム** おおきい かず

👑1 こたえ ① 90 ② 68 ③ 77 ④ 82 ⑤ 100
ことば やきプリン

👑2

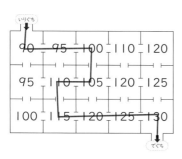

とおった へやの かず … 9

p. 100-101 **おおきい かず** 🐾💮💮 （やさしい）

1 ① 30＋10＝40　　② 50＋8＝58
③ 25＋4＝29　　④ 60−10＝50
⑤ 46−6＝40　　⑥ 77−3＝74

2 ① 110
② 80
③ 105

3 あ 52　　　い 67

4 ① 59　　② 96

5 ① −70─75─80─85─90−
② −80─90─100─110─120−
③ −102─101─100─99─98−

6 しき　36−5＝31　　こたえ　31こ

p. 102-103 **おおきい かず** 💮🐾💮 （まあまあ）

1 ① 50＋30＝80　　② 60＋7＝67
③ 84＋5＝89　　④ 70−30＝40
⑤ 97−7＝90　　⑥ 89−4＝85

2 ① 100
　② 115
　③ 80

3 ① 108　　② 110

4 ① –90—100—110—120-
　② –80—85—90—95—100-
　③ –120—119—118—117—116-

5 しき　58−4＝54　　こたえ　54まい

6 しき　40＋50＝90　　こたえ　90ぽん

p.104-105　**おおきい かず** ✿✿✿（ちょいムズ）

1 ① 60＋40＝100　② 70＋4＝74
　③ 6＋53＝59　④ 100−30＝70
　⑤ 84−2＝82　⑥ 98−6＝92

2 ① 99
　② 65
　③ 115

3 ① （じゅんばんに）　3、1、4、2
　② （じゅんばんに）　3、2、1、4

4 ① –80—85—90—95-
　② –80—90—100—110-
　③ –111—110—109-

5 しき　5＋34＝39　　こたえ　39にん

6 しき　100−60＝40　　こたえ　40えん

 どちらが ひろい

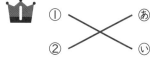 ① ✕ ⓐ
② ⓘ

②〈れい〉

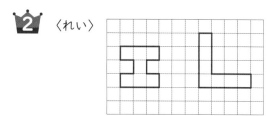

③ ※こたえは しょうりゃくして います。

p. 108-109 **どちらが ひろい** 🐾🌼 （やさしい）

1 ① ⓐ　　　② ⓘ

2 ① 8ますぶん
② 5ますぶん
③ 3ますぶん

3 ① ⓐ
② ⓐ
③ ⓘ
④ ⓐ
⑤ ⓐ

p. 110-111 **どちらが ひろい** 🌼🐾 （ちょいムズ）

1 ① ⓘ
② ⓐ

2 ① 8ますぶん
② 6ますぶん
③ ⓐから ⓘに 1ます うつす

3 ① ⓐ
② ⓘ
③ ⓐ

① ②

p.112-113 **チェック & ゲーム** なんじなんぷん

 ① 3じ

② 9じ20ぷん

③ 6じ5ふん

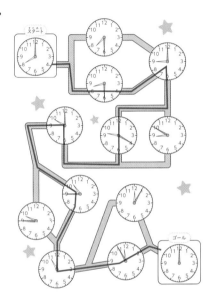

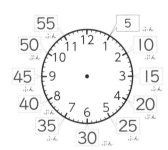

p.114-115 **なんじなんぷん** 🌸 🌼 🌼 （やさしい）

1

2 ① 10じ20ぷん ② 3じ40ぷん

3 ① 3じ5ふん ② 6じ15ふん

③ 12じ20ぷん ④ 4じ34ぷん

⑤ 7じ42ぷん ⑥ 6じ28ぷん

⑦ 11じ53ぷん ⑧ 10じ13ぷん

なんじなんぷん 〇 ✿ 〇 （まあまあ）

1
① ② ③ ④

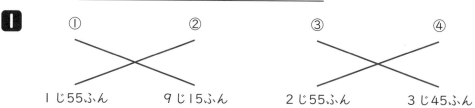

1じ55ふん　　9じ15ふん　　　2じ55ふん　　3じ45ふん

2
① 9じ28ぷん　　② 1じ36ぷん　　③ 4じ21ぷん
④ 6じ48ぷん　　⑤ 11じ4ぷん　　⑥ 7じ16ぷん

3
①

②

③

4　① ⓘ　　② ⓐ

なんじなんぷん 〇 〇 ✿ （ちょいムズ）

1
① 5じ10ぷん　　② 1じ42ふん　　③ 3じ37ふん
④ 9じ57ふん　　⑤ 11じ26ぷん　　⑥ 8じ2ふん

2　① ⓒ　　② ⓐ

3
①

②

③

4　① ⓐ　　② ⓐ

p. 120-121 **チェック＆ゲーム** たすのかな ひくのかな

👑1 ① た
② ひ
③ た
④ た
⑤ ひ

👑2 ① 4 + 4 = 8
③ 7 + 3 = 10
④ 4 + 3 = 7

こたえ らくだ

p. 122-123 **たすのかな ひくのかな** 🌸💮🌸 （やさしい）

1 ① ⓘ
② しき 8 + 4 = 12　こたえ 12ほん

2 ①
　　　　　　　（10）こ
りんご ●●●●●●●●●●
（みかん）○○○○○○○○○○ ○○○○○○
　　　　　6こ（ おおい ）

② しき 10 + 6 = 16　こたえ 16こ

3 しき 12 − 5 = 7　こたえ 7ほん

p. 124-125 **たすのかな ひくのかな** 💮🌸💮 （まあまあ）

1 しき 9 + 3 = 12　こたえ 12まい

2 しき 12 − 4 = 8　こたえ 8ぽん

3 しき 8 + 5 = 13　こたえ 13こ

4 しき 15 − 7 = 8　こたえ 8こ

5 しき 9 + 6 = 15　こたえ 15にん

たすのかな ひくのかな ✿ ✿ 🐾 （ちょいムズ）

1 しき　12 − 5 ＝ 7　　こたえ　7 にん

2 しき　3 ＋ 1 ＋ 5 ＝ 9　　こたえ　9 にん

3 しき　13 − 4 ＝ 9　　こたえ　9 ひき

4 しき　8 ＋ 3 ＝ 11　　こたえ　11 こ

5 しき　7 − 3 ＝ 4　　こたえ　4 こ

チェック＆ゲーム　**かたち（2）**

👑 ①　2 まい　　②　4 まい
③　4 まい　　④　2 まい

👑 ※こたえは しょうりゃくして います。

👑 ※こたえは しょうりゃくして います。

かたち（2） 🐾 ✿ （やさしい）

1 ①
②
③
④

2 ①　2 まい　　②　3 まい
③　4 まい　　④　5 まい
⑤　6 まい　　⑥　6 まい

p. 132-133 **かたち（2）** ❀ 🐾 （ちょいムズ）

1 ① 20ぽん　　② 24ほん

2 ①

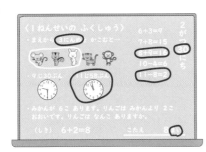

②

─ ピィすけ★アドバイス

1 は ぼうに いろを ぬったり
〇や ✔を つけながら
かぞえると いいよ。

3 ① 3まい　　② 4まい
③ 4まい　　④ 5まい
⑤ 6まい　　⑥ 8まい

p. 134-135 **さんすう★あそびページ ①**

👑**1**

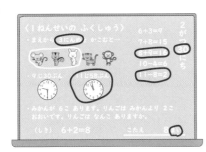

〈まちがい〉

・3にんめでは なく 3にんを かこんで いる
・11じ58ぷん → 10じ58ぷん
・8＋9＝16 → 8＋9＝17
・11－8＝2 → 11－8＝3
・こたえ 8まい → 8こ
・2がつに 30にちは ない

─ ピィすけ★アドバイス

⑤は、1→2は 1 ふえて、
2→4は 2 ふえて、
4→7は 3 ふえて… と、
ふえる かずが 1ずつ ふえて いるよ。

👑**2** ① 6
② 10
③ 9
④ 8
⑤ 7

p. 136-137 **さんすう★あそびページ ②**

👑**1** ことば おほしさま

※けいさんの こたえ
し 8＋6＝14
ま 20＋80＝100
さ 92＋6＝98
お 15－7＝8
ほ 69－60＝9

	①し	②き	③ひ	き	ざ	ん
④よ		ゆ	や			
⑤じ	ゆ	う	の	く	ら	い

p. 138-139　**1ねんせいの まとめ ①**

1　①　3　　　②　6　　　③　5　　　④　7

2　①　

　　②

3　①　3 + 2 = 5　　　②　6 + 2 = 8
　　③　5 + 4 = 9　　　④　3 + 4 = 7
　　⑤　8 − 3 = 5　　　⑥　6 − 3 = 3
　　⑦　7 − 0 = 7　　　⑧　10 − 4 = 6

4　しき　6 + 3 = 9　　　こたえ　9とう

5　しき　8 − 5 = 3　　　こたえ　りんごが 3こ おおい

6　あ → う → い

p. 140-141　**1ねんせいの まとめ ②**

1　①　いちご
　　②　3こ

2　①　い
　　②　い

3　①　あ
　　②　い

4　①　15 + 4 = 19　　　②　14 + 3 = 17
　　③　19 − 5 = 14　　　④　18 − 7 = 11
　　⑤　6 + 4 + 2 = 12　　⑥　12 − 2 − 6 = 4
　　⑦　8 + 6 = 14　　　⑧　9 + 9 = 18
　　⑨　15 − 8 = 7　　　⑩　13 − 7 = 6

5 しき　6＋5＝11　　こたえ　11ぽん

6 ①　10じ　　　　②　2じはん（2じ30ぷん）

p.142-143　**1ねんせいの まとめ ③**

1 ①　74は 10が 7こと 1が 4こ

②　10が 10こで 100

③　100—99—98—97—96

2 ①　63＋3＝69　　②　30＋8＝38

③　30＋70＝100　　④　28－5＝23

⑤　88－8＝80　　⑥　100－50＝50

3 ①　あ

②　い

4 ①　8じ25ふん　　②　1じ54ぷん

5 しき　12－5＝7　　こたえ　7ひき

6 しき　7＋4＝11　　こたえ　11こ

7 ①　10まい　　　　②　8まい